iPad
電繪畫畫課

YUANCHi
張元綺 —— 著

CONTENTS

Chapter3
生活小物

輕鬆畫出生活常見的
小物件

Chapter4
可愛動物
輕鬆畫出俏皮小動物

Chapter5

人物

循序漸進畫出完整人物

Chapter6

場景與構圖

一起打造創意無限的
空間

Chapter7

氛圍營造

光影的魔法與
小動畫製作

前言

學習繪畫是一條永無止盡的道路，我們可以透過學習基礎概念及練習基本技巧，將繪畫程度提升到一定的水準。不過，對於圖畫內容的想法，以及呈現的角度，則必須藉由體驗生活、察覺自己的內心，才能夠有所提升和突破。

所有想開始學畫圖的人，都是因為對這件事懷抱著興趣，但往往有許多人在學習的過程中，迷失了方向，以至於最後再也沒有提起過畫筆。包含我自己也是，即使從有記憶以來就非常喜歡畫圖，在讀美術系以前的十幾年也從不曾對畫圖感到厭倦。但在追求專業技能的過程中，也曾一度對繪畫及創作感到厭煩。

繪畫的一切基礎就是素描，透過觀察對象的造型、光影，來了解它的樣貌並試圖在畫紙上還原。經過大量的練習，我們可以畫出越來越逼真的物品、可以更自由的控制畫筆，甚至在下筆前，就能夠想像完成時的畫面。但是在自信尚未建立好之前，也很容易在基礎練習的階段，變得害怕畫不出「正確」的圖。

此時，請放下所有的教學、關掉所有的參考圖片，專心的想自己當下最想畫出來的畫面。或許你會發現，這段日子的練習，已經足夠讓你隨心所欲的畫出腦海中的圖案；也更容易發覺，自己還有哪些部分的技巧是還不夠的，接下來，就可以針對那些部分做加強練習。

繪畫是件快樂的事，創作的過程中所感受到的放鬆、愉悅，絕對比完成的作品是否夠厲害、夠專業還來的重要，希望大家都能充分享受畫圖的美好時光。

Chapter 1 | 開 始 之 前

打開 Procreate 前的各種準備。

畫圖工具及環境

在正式開始畫圖前，先認識一下學習電繪會使用到的基本工具，以及準備好一個良好的畫圖環境吧！

我的畫圖工具

· **iPad Pro 12.9吋 128G 2020年款。**
· **二代 Apple Pencil。**

我的 iPad 螢幕及 Apple Pencil 筆尖都沒有另外貼或裝東西，如果覺得直接畫在平板上太滑，可以使用紙膜、筆尖套等輔助工具，增加摩擦力。

另外，在畫圖時建議使用可立起來的保護殼，或是平板架、書架等，保持良好的畫圖姿勢，避免肩頸受傷，也能確保畫出來的圖畫比例是正確的。

畫圖時的角度

1. 平板（或手繪在紙上時）平放於桌面上，畫出來的圖案上方容易拉長。

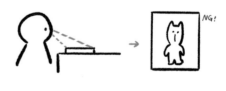

2. 將平板（或紙）稍微立起來，才能看到正確的畫面比例。

常用的繪圖軟體：Procreate

Procreate 目前只有在 iPad 上可以安裝使用，電腦、Android 平板都還沒有。手機的部分，iPhone 有 Procreate Pocket，是功能較少的簡易版本，建議先使用完整版 Procreate 練習後，再使用 Pocket 版。

Procreate 為一次性付費 app，與其他月費型繪圖軟體相較，非常的經濟實惠，它的繪圖功能也很完整，完全不亞於其他軟體。即使要運用在印刷、商用等專業用途，也完全沒問題。

直接在螢幕上作畫的特性，也是讓 iPad 繪圖變得如此普及的主要原因，與傳統的「眼睛看著電腦螢幕、手在繪圖板上畫圖」相比，將技術門檻降低了許多，就算是小孩子也能很直覺的畫出想像中的畫面。

用 Procreate 畫好的圖案，可以直接上傳到雲端相簿或社群軟體，無論是要保存作品或與朋友分享，只需要短短幾分鐘的時間，相當輕鬆。

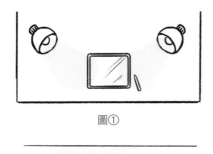

圖①

圖②

作畫環境的布置

雖然 iPad 本身會發光，但還是建議畫圖時的環境光線要十分充足。如果原本的室內燈光不夠亮，可以如圖①這樣從兩側打燈，或像圖②往天花板打燈，讓光線均勻反射。

這麼做可以避免 iPad 螢幕反射燈光，造成畫圖時視覺上的干擾。

雖然畫圖要多練習才能進步，但長時間盯著螢幕還是會傷害眼睛的，記得每畫一段時間，就要放鬆一下眼睛。

畫圖前的心情調整

雖然建議畫圖時，最理想的狀態是坐在桌子前保持良好姿勢，但有時就是想輕鬆的躺在沙發上畫圖。此時，再播放喜歡的音樂，還有跑來窩在身邊的貓咪，還有什麼比這更放鬆的環境呢？

這樣當然也是沒問題的！畫圖就應該是一件很放鬆的事，只是要記得經常站起來伸展伸展身體。

畫圖的練習是需要長時間累積而成的，如果跟著教學步驟畫了一、兩次都無法達到滿意的效果，就先放下書本，隨心所欲的塗鴉吧！記住畫圖的過程替自己帶來的滿足感，遠比練出厲害的技巧重要許多。適時放鬆才能更長久、穩定的繼續練習下去，幾個月後再回頭看自己最初的練習作品，就會發現自己不知不覺中已經進步許多。

將一些平時有在關注的主題，例如：插畫、藝術、商品設計、空間規劃等分門別類，並不定期點進去整理一下，將已經沒那麼喜歡的作品移除，留下自己最喜歡的作品。

所有貼文

Space

Books

Art

illustrations

Design

Products

Video

Sketchbook

Other

平時可以多追蹤一些創作者的帳號，將那些能夠帶給你「心動感」的作品存起來。一邊分析是作品中的哪些元素讓你很喜歡，是顏色的組成？畫中的主題？還是優美的線條？抑或是帶有童趣感的拙劣筆觸？除此之外，在畫圖遇到瓶頸時，翻翻這些作品，也能帶給自己一些想繼續畫下去的動力。

各種介面介紹

第一次開啟時，可能會無法馬上找到想使用的功能在哪裡，先一起來熟悉一下操作介面吧！如果本來就使用過其他的軟體畫過電繪，也可以直接 Google 搜尋「Procreate OO功能」，來找出相對應的功能。

1. 新增第一塊畫布

Step 1

打開 Procreate 後，會看到右上角的地方，有匯入、照片以及＋等三個選項，這三個都是可以新增畫布的功能。

選取　匯入　照片　＋

匯入　可匯入雲端資料夾中的檔案。

照片　快速將 iPad 裡的照片製作成畫布檔案。

＋　新增空白畫布。

Step 2

點開 ＋ 可以看到一些內建的尺寸，我自己最常使用「方形」，滿適合繪製發在 IG 上使用的圖片。

另外，也可以按右上方黑底的 ＋ 自訂畫布規格，曾經新增的規格會自動儲存在列表下方。一些比較常用的可以左滑編輯名稱，下次要用時，就可以快速找到。

選取　匯入　照片　＋

新畫布

螢幕尺寸	P3	2732 × 2048 畫素
方形	sRGB	2048 × 2048 畫素
4K	sRGB	4096 × 1714 畫素
A4	sRGB	210 × 297 公釐
4 × 6 照片	sRGB	6" × 4"
影片 HD	sRGB	1920 × 1080 畫素
Line 貼圖	P3	370 × 320 畫素
Line 主圖	P3	240 × 240 畫素
Line 標籤	P3	96 × 74 畫素
無標題畫布	P3	1920 × 1280 畫素
無標題畫布	CMYK	9.203 × 5.199 公分

最常使用

內建常見規格

新增的規格　自動儲存

點下自訂畫布，第一個要設定的是尺寸及解析度。若要畫的圖會使用於印刷，可以選擇「公釐、公分、英吋」當作單位；若只使用於螢幕、網頁，則選「畫素」當單位。

DPI 是解析度的意思，解析度越高、圖檔越大，可用圖層也會變少。可用圖層數量與 iPad 容量也有關，若想繪製的圖案尺寸可用圖層數太少，就可能不適合用 iPad 來繪製。

常見解析度數值：
· 72DPI：網頁、螢幕用。
· 150DPI：一般列印、海報等大圖檔輸出。
· 300DPI：精緻印刷（最廣泛使用）。
· 600DPI：微噴印刷。

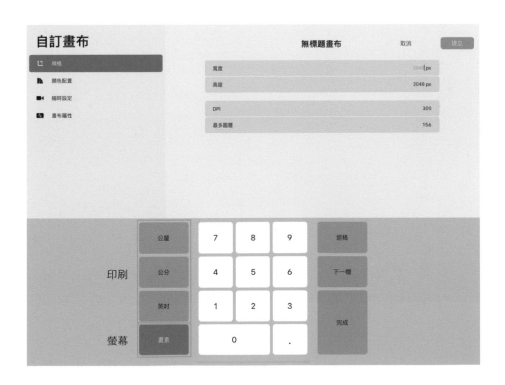

Step 4

顏色配置有 RGB 及 CMYK 兩種，若要繪製的圖為螢幕、網頁使用則選用 RGB，印刷用請選擇 CMYK。

不過 CMYK 只是確保繪製時的用色與印刷顏色不會相差太遠，不一定使用 CMYK 就不會跑色；也不一定印刷就非得使用 CMYK。現在有一些特殊印表機可以印到 10 色以上，就能印出一些 RGB 才畫得出來的顏色。也可以先以 RGB 畫出最理想的顏色，需要印刷時，再轉成 CMYK 即可。

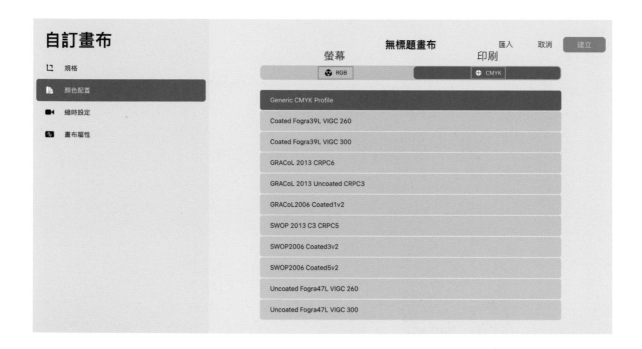

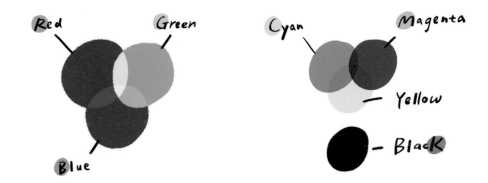

RGB

為光的三原色，因為螢幕為發光體，能呈現出飽和又明亮的顏色。

CMYK

為四色印刷使用的顏色，生活中常見的彩色印刷品如書籍、海報等，都是以這四個顏色重疊印刷而成。因為印刷物不會發光，所以無法呈現出RGB 色域中明亮又飽和的顏色，若將 RGB 圖檔直接轉成 CMYK，通常顏色會變得比較灰暗。

掃描 QR code 用螢幕觀看這張圖片從 RGB 轉為 CMYK 的差異吧！

Chapter 1 · 開始之前

2. 畫圖介面

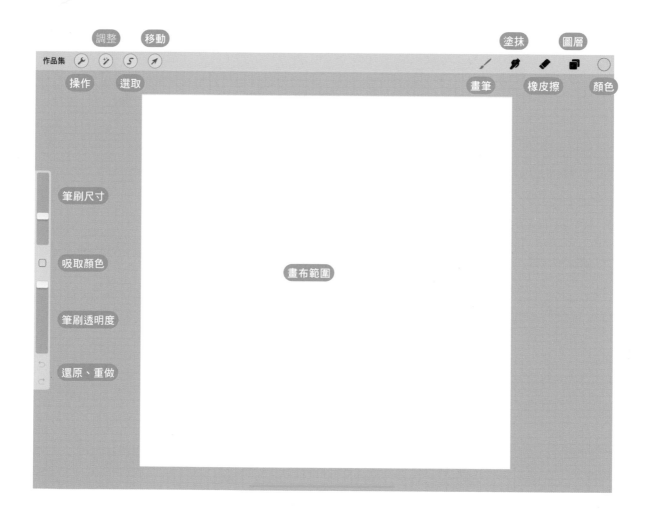

Step 1

新增畫布之後，就會看到主要的繪圖畫面。先把每一個按鈕都點開看看吧！

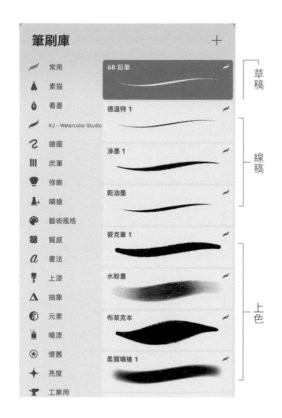

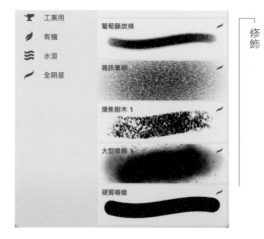

Step 2

右上方的筆刷、塗抹、橡皮擦工具共用相同的筆刷庫,可以看到軟體內建了非常豐富的筆刷,先花點時間把每個筆刷都試用看看。

將左側分類欄往下滑動,可以看到上方會出現一個 ⊕ ,點下後即可新增筆刷群組。此時可以將比較喜歡的筆刷,拖移到新增的常用群組中。

這邊是幾個我比較常使用的筆刷,由上到下分別為草稿、線稿、上色及修飾用的筆刷,按照畫圖順序排列。

\ look /

因版本不同的關係,每個人的 Procreate 內建筆刷庫不完全相同,若有些我示範用的筆刷在你的版本中是找不到的,只要用其他使用起來效果相近的即可。

接下來點開畫面右上方的圓形,打開調色盤。Procreate 有四種調色盤的樣式,分別為色圈、經典、調和、參數,功能都一樣是調色,只要選擇自己用起來習慣的即可。

1.

色圈
外圈為色相,內圈為飽和度與明度。

2.

經典
上方正方形可調整明度、飽和度;下方有色相橫條,以及獨立的飽和度、明度橫條。這個是我自己最習慣使用的。

3.

調和
在左上方的顏色標題下,有小字「矩形」,點開後還有互補、分割互補色等,方便在配色時找到相近色或互補色。

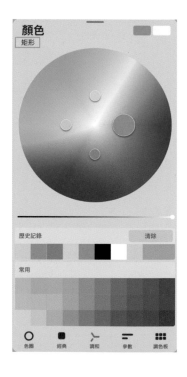

Step 4

另外，也可以自訂常用調色盤，畫系列作品時，就不怕每一張圖的顏色都不一樣。

4.

參數

可以直接輸入顏色數值，有指定用色時可以使用。或是吸取畫面中的顏色，並在色票或其他螢幕上查看同一顏色的效果。

3.圖層

Step 1

接著來了解一下圖層。在電繪中圖層是非常基本的功能，只要能活用圖層屬性，就能讓畫圖變得事半功倍喔！

一般畫圖時，最下方的圖層是最後面的物體，上方的圖層會遮住下方圖層。試著用圖層功能畫出這朵葉子、花瓣、花蕊分開的小花吧。

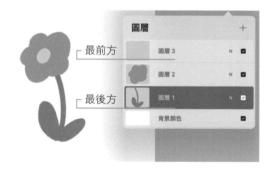

Step 2

點開圖層左側可以看到一些功能選項，先點點看會發生什麼事，待會實際開始練習時，再詳細說明它們的用途。

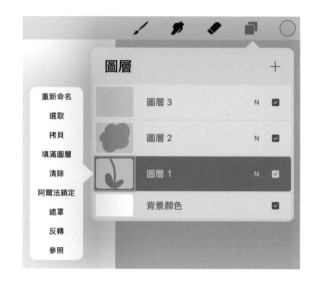

Step 3

點圖層右邊的 ，可以調整透明度以及圖層屬性。一樣可以先點看看每個屬性，後面會再說明該如何運用。

Step 4

將圖層往左滑可以上鎖、複製、刪除。

Step 5

往右滑可以選取圖層，選取 2 個以上時可以按右上的「群組」將圖層分組。

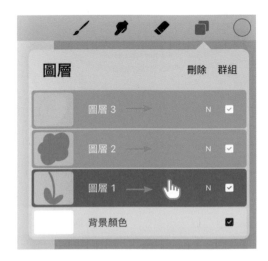

4.一起從簡單圖案開始練習吧！

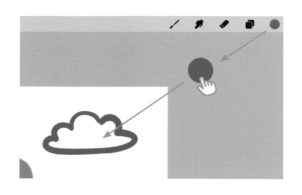
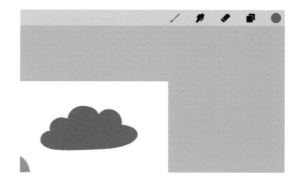

Step 1

來畫一朵雲吧！先框出雲的形狀後，拖曳顏色到中間空白處，就可以快速上色。

等比例縮放

可調整長寬比

Step 2

點左上圖案為鼠標的移動功能，可以調整圖案位置及形狀，下方的功能列有很多細節選項可以調整。

均勻　　　等比例縮放。

自由形式　可單獨調整高或寬。

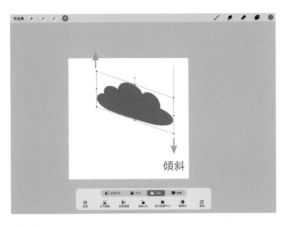

扭曲 拖移角落錨點或邊線,可以讓圖案傾斜。

翹曲 拖移圖案任一位置,可以隨意彎曲形狀。

Step3

在鼠標左側的緞帶形狀為選取功能,點下後,可以選取圖層中的一部分圖形。

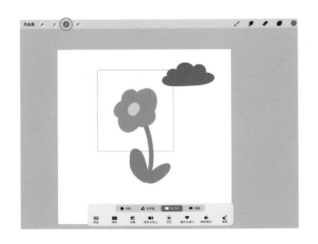

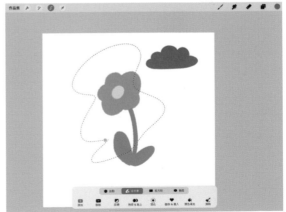

5.繪圖參考線的運用

操作 中的功能非常豐富,這邊就不再一一做介紹,只說明幾個比較常用或特殊的功能。

點開畫布 → 繪圖參考線 → 編輯繪圖參考線,即可新增並編輯參考線。

1.

2D網格

用來畫方方正正的東西，或是用於排版時可以輔助確認物件的間距。

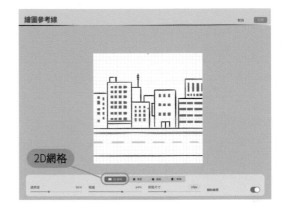

2.

等距

常用於立體物品或空間的繪製，可以畫出準確的垂直與平行線條。

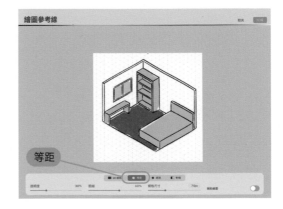

3.

透視

用於實際空間的繪製，除了保持線條垂直及平行，還有越近的物品越大、越遠的物品越小的實際視覺效果。

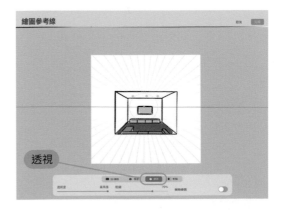

6. 好用的設定與輔助功能

Step 1

打開影片中的縮時記錄功能，Procreate 就會
自動紀錄下畫圖的過程縮時影片，繪製完成
後點 匯出縮時影片 即可輸出影片檔。

Step 2

最後，是偏好設定中的手勢控制。

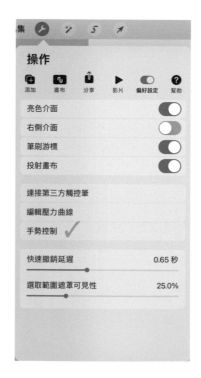

Step 3

點一般→開啟 禁用按鍵行動 ，在用觸控筆畫圖時，就不會
因為手碰到螢幕而多畫出線條。

Step 4

畫圖時若需要參考圖片，可以點開
畫布→開啟 參照 ，即可將相片放
在畫布旁。

Step 5

也可以將 Procreate 及相片加入 Dock，在開
啟其中一個 App 時上滑叫出 Dock，並將另
一個 App 拖移至螢幕一側，即可變成雙畫面
的模式。

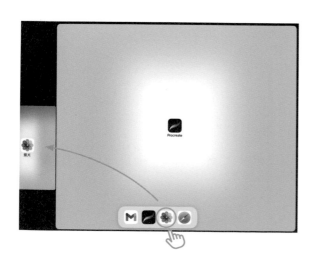

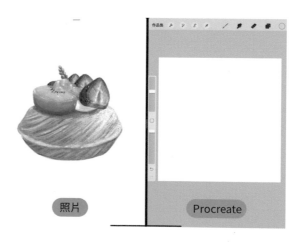

Step 6

Procreate 在 App 或 iOS 更新時，有可能會出現檔案消失或毀損的
情況，或不小心誤刪後就無法復原。在畫好作品後，可以將雲端資
料夾放在畫面一側，直接拖曳 Procreate 的檔案，即可快速完成上
傳備分。

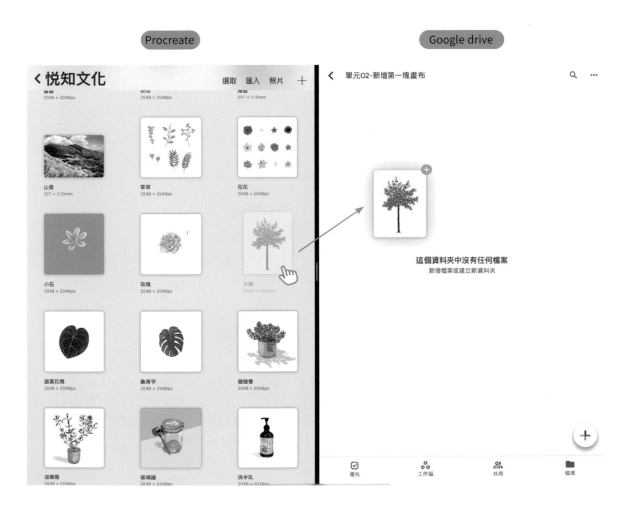

Procreate

Google drive

Chapter 1 · 開始之前

Chapter 2 | 暖身練習

下筆前，先暖身吧！

速創形狀練習

電繪方便的地方之一，就是不論要畫直線、畫幾何形狀或調色都非常快速，熟悉這幾個功能後，就可以把省下來的時間跟力氣放在造型、構圖及配色的練習上了。

簡單線條快速上手

Step 1

Procreate 目前有一個勝過多數繪圖軟體的功能，那就是「速創形狀」。這個功能可幫助我們在畫直線或幾何形狀時，更快速精準地完成。一起來練習看看。

❶ 首先，畫一條線後筆按住不要放開，線條會自動拉直。接著用一指輕點畫面任意一處，線條會自動變垂直的直線。

❷ 用同樣的方式畫出另外三條直線，完成一個方形。

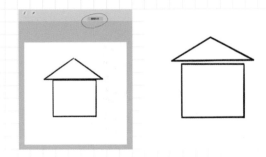

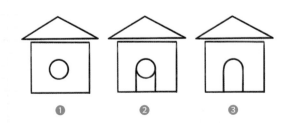

① ② ③

Step 2

在方形的上方畫一個三角形，剛畫好形狀時，上方會出現 編輯形狀 的按鈕，點按即可微調形狀。完成三角形的屋頂。

Step 3

① 在方形的裡面畫一個圓形，筆不放開、一指輕點畫面，變成正圓形。

② 在圓形左右側各畫一條垂直線，連接到外面的方形底部。

③ 擦除下半圓的弧線，完成一扇拱形門。

Step 4

繼續畫出四邊形與六邊形的窗戶。

Step 5

用斜線幫窗戶及屋頂，加上一些簡單的小細節。

Step 6

試著繼續用速創形狀功能，畫出房子周圍的
物品。

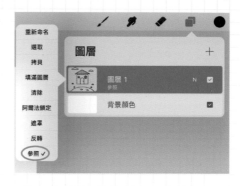

Step 7

將線稿圖層設定為 參照 。

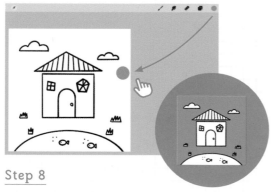

Step 8

將色塊拖曳到要上色的範圍，就能自動填好
該區的顏色。

Tips. 若填色時超出範圍，可能是線稿沒有封
閉所導致。再檢查一下，看看線條的交
界處是否都有完整連接。

Step 9

拖曳顏色後，筆按住不放開，可以左右調
整填色的臨界值。臨界值越高，調色範圍越
大；反之則越小。

Step 10

依照前面的方法，陸續完成所有區塊的填色。

Step 11

接著，將線稿圖層設定為 阿爾法鎖定 。

Step 12

用筆刷將線稿塗上不同的顏色，完成這張房子的暖身練習。

調色練習

畫畫時,除了基本線條輪廓的掌握之外,再來就是如何精準掌握自己想要的色彩風格。每個人對色彩的偏好都不太相同,但仍有一些基本的用色概念是相通的,來看看使用哪些顏色繪圖出錯的機率會比較低吧!

飽和色

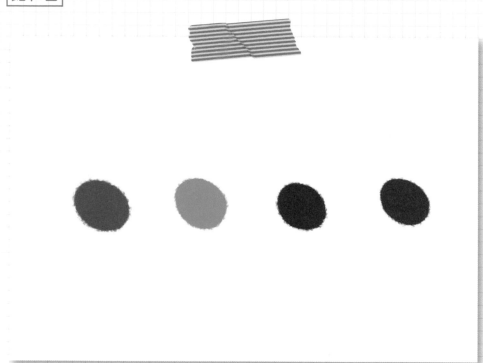

give it a try

接著,來練習一下調色吧!首先,試著自己用調色盤調出這四個顏色,完成後,再翻到下一頁查看我的調色盤設定。

①

②

③

④

色號依序為

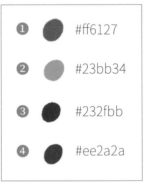

① #ff6127

② #23bb34

③ #232fbb

④ #ee2a2a

說明

這四個顏色雖然都是飽和色，但在調色盤中，綠色及藍色的明度較橘、紅來得低。這是因為綠、藍若明度調太高，顏色會看起來淡淡的沒有飽和的感覺。

Tips.

因為印刷的關係，書本上看到的顏色與 iPad 螢幕裡的顏色會有落差，只要盡量找到接近的顏色就可以囉！

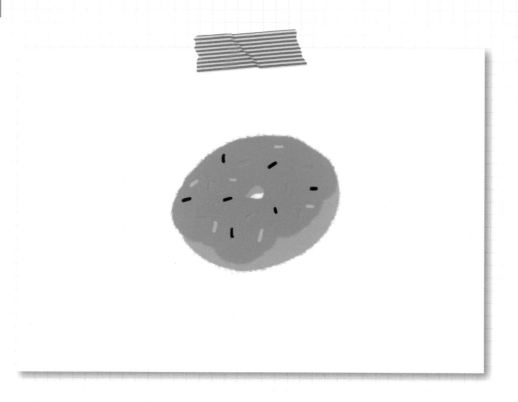

\ give it a try /

接著，挑戰難一點的柔和色甜甜圈，也可以順便複習一下圖層的用法喔！

Tips.

甜甜圈的構成，分別有麵包、糖霜以及三種巧克力米，總共有五個顏色。

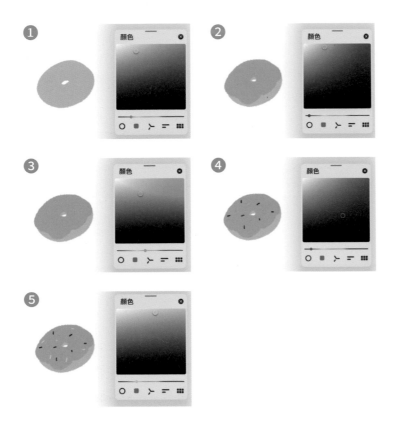

❶ 米色　#e4c89e
❷ 粉色　#f1afa1
❸ 淺綠　#83c376
❹ 咖啡色　#693d1e
❺ 黃色　#efd963

說明

柔和色系搭配在一起不容易出錯，最後再用較深的咖啡色及
較飽和的黃色做點綴，就能讓圖案有些小重點。

give it a try

這隻可愛的貓咪圖像中,使用了同為黃色系的鵝黃、米白、棕色,試著找到這些顏色吧!

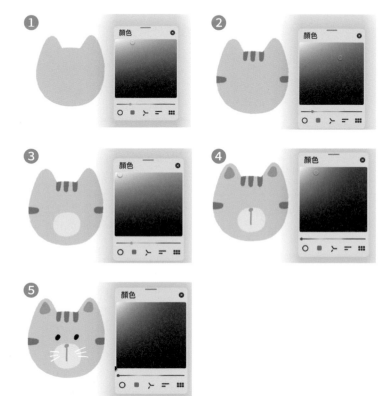

色號依序為

❶	鵝黃	#f2dda7
❷	棕色	#c18943
❸	米白	#f6efde
❹	粉色	#eaadad
❺	黑	#000000
❺	白	#ffffff

說明

使用同色系來繪圖，也是不易出錯的一種配色方式！

give it a try

盆栽中綠葉的顏色又更接近了，試著找出盆栽的中間色、深色、淺色吧！

❶ 　❷

花盆色號依序為：

❶ 中間色	#7b3f26	
❷ 深色	#4c2616	
❸ 淺色	#a9694f	

❸ 　❹

植物色號依序為：

❹ 中間色	#62a24a	
❺ 深色	#9fda88	
❻ 淺色	#497b36	

❺ 　❻

說明

後續在做更多上色練習時，都會以先上中間色，再上明暗色
的順序來繪製。只要畫上簡單的明暗色階，物品就會看起來
更有立體感囉！

\ give it a try /

完成基本的調色練習後，
後續的章節中就不會再提
示顏色的調色盤位置及色
號。若還是不知道如何找
到想要的顏色，可以試著
用其他人的插畫作品來臨
摹色塊。完成臨摹後再將
圖片丟進 Procreate 中，
吸取顏色對照。

當然，看著實體物品臨摹
還是最有效的練習方式。
試著直接用眼睛觀察，不
要拍照再臨摹照片，不論
是對色彩或形狀的掌握，
都會有很大的幫助。

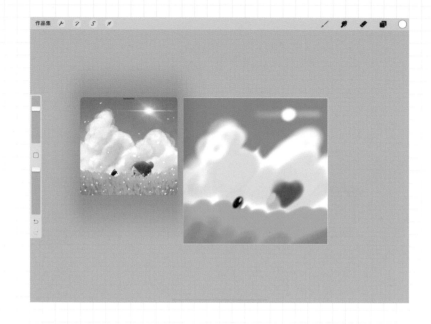

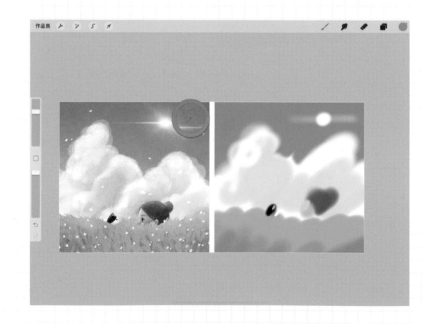

03 | 作品輸出的方式

let's procreate

作品完成之後，點 操作 → 分享 就可以選擇要輸出的檔案類型。

分享圖像

1.Procreate	只有用 Procreate 才能開啟的原檔。
2.PSD	可以使用 Procreate 或 Photoshop 開啟，保留圖層及圖層效果的檔案。
3.PDF	可以多種繪圖或設計軟體開啟，保真度高適合作為印刷用檔案。
4.JPEG	檔案較小，適合用於發布社群、通訊傳送等。
5.PNG	可保存透明背景圖檔。
6.TIFF	可以使用多種繪圖或設計軟體開啟，較常運用在印刷用途。

分享圖層

1.PDF、PNG	將檔案中每個圖層單獨存成一個 PDF 或 PNG 檔案。
2.動畫 GIF 　　PNG 　　MP4 　　HEVC	輸出動畫檔案。

Chapter 3 | 生活小物

輕鬆畫出生活常見的小物件。

瓶瓶罐罐練習

生活中常見的物品，都非常適合拿來當初階練習的對象。先試著畫出眼睛所見的物品，等造型、調色、立體感都熟練之後，再慢慢畫出屬於自己的風格。

可樂罐→基礎畫法

讓我們從最基本的可樂罐開始，練習圓柱形物體的畫法。可以拿一個真實的鋁罐放在旁邊，觀察實體能夠幫助我們更快了解它的構造。

縮時示範

線稿

Step 1 首先，畫出上方的橢圓，完成大概的形狀之後按著不要放開，它會自動變成橢圓形。

🖍 使用筆刷參考：6B鉛筆。

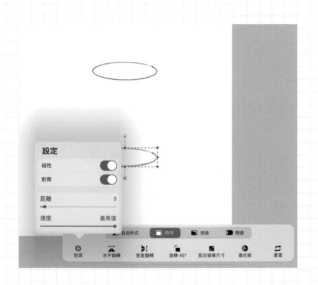

Step 2 複製已畫好的橢圓，將新的橢圓往下方移動。這時下方會出現一排功能按鈕，記得打開 磁性 跟 對齊 ，才能將兩個橢圓對齊。

複製圖案的方法：

❶ 三指往下滑，會出現 剪下 、 複製 等功能按鈕。

❷ 將圖層往左滑，會出現 複製 、 刪除 等功能按鈕。

Step 3 接著，畫下罐身最胖的部分。新增圖層之後，跟上一個步驟的畫法一樣，先畫一個橢圓、複製並往下移動。可以換一個顏色來畫，比較不會跟原本的橢圓混在一起。

Step 4 最後再換一個顏色,將橢圓的外側連接起來。畫直線時,一樣按住不要放開,線條就會自動變直。這樣就完成一個鋁罐的基本構造。

Step 5 將前面畫的橢圓、直線全部合併成一個圖層。

❶ 點一下圖層右邊的 Ⓝ,出現透明度拉桿,將透明度調低。

❷ 上方新增畫線稿用的圖層,用黑色描出精確的線稿。

❸ 一樣從最上面的橢圓開始畫。但這次要複製三個橢圓,第二個一樣移動到最底下,第三個則只要往下移動一點點,做出鋁罐邊緣的厚度。

✏️ 使用筆刷參考:乾油墨。

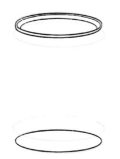

Step 6
❶ 將上方兩個橢圓的左右側交接處擦除。小心的連接起來,變成呼拉圈的形狀。

❷ 另外,在中間再畫一個小一點的橢圓,完成如示範圖中的構造。

Step 7　接著，要畫出更多的細節。首先，是上方拉環，新增圖層並標示出中心點，畫出扣環的形狀。用直線與橢圓形標示出罐身文字的範圍區塊。

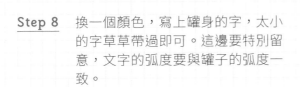

Step 8　換一個顏色，寫上罐身的字，太小的字草草帶過即可。這邊要特別留意，文字的弧度要與罐子的弧度一致。

Step 9　上方新增圖層，並描出更俐落的線稿。將草稿圖層都關閉，可樂罐的線稿即完成。圖層順序如圖。

上色

Step 1　現在準備開始上色。在線稿圖層下方新增上色用的圖層,仔細的框出整個鋁罐的範圍。

　　使用筆刷參考:麥克筆。

Step 3 ❶　點底色圖層左邊圖示處,叫出圖層選單,按 選取 。

❷　在上方新增圖層,並點開圖層選單按 遮罩 。製作好遮罩之後,在 圖層6 隨意畫幾筆看看,會發現顏色不會超出紅色範圍。

Step 2　將調色盤的圖示拖曳到範圍中間,就可以快速填滿顏色。邊緣處可能會有一些空隙,記得手動補上顏色。

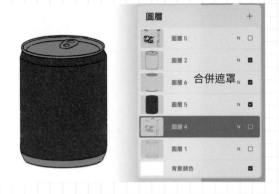

Step 4　畫好灰色的部分，完成之後用兩指捏合 图層6 與 圖層遮罩，就可以合併成一般的圖層。

Step 5　將文字圖層選 阿爾法鎖定，大膽的塗成白色。鋁罐的基本上色就完成囉！接著，要加入光影立體感。

Step 6
❶　於紅色圖層上方新增圖層並設定為 剪裁遮罩。

❷　吸取底色的紅色之後，稍微調深一點，在罐身左右側畫出陰影。

❸　接著再吸取一次底色，這次調亮一點，畫出罐身中間的亮面。可以觀察照片或手邊的鋁罐，找到陰影及亮面的分布位置。

✏️　使用筆刷參考：水粉畫。

水粉畫自帶半透明效果，也可以使用其他筆刷，並手動調整筆刷的透明度。

Tips.
剪裁遮罩 跟 遮罩 是類似的功能，差別在於前者只能使用於相鄰的兩個圖層。

Step 7　灰色部分也是同樣作法：
❶　　　　上方新增 剪裁遮罩 圖層。

❷　　　　吸取底色並調深一點、淺一點，畫
　　　　出陰影及亮面。

Step 8　白色字的部分，也以相同方式加上
　　　　陰影。陰影範圍跟紅色的部分相
　　　　同，左右側較暗、中間較亮。

　　　　亮暗分布的位置是不固定的，會因
　　　　為周遭光線不同而有所變化。之後
　　　　找其他照片練習時，要重新觀察一
　　　　遍再開始畫。

Step 9　最後，在最下方新增圖層，用灰色
　　　　畫上影子。一個完整的可樂罐就完
　　　　成了。

可樂罐→色鉛筆風格

Step 1　用最基礎的畫法認識完鋁罐構造
後，接下來，要練習的是色鉛筆風
格的上色方式。

❶　　　將先前完成的圖層全部合併，並調
低透明度。

❷　　　上方新增圖層，用鉛筆筆刷框出紅
色範圍。

✏️　　　使用筆刷參考：6B 鉛筆。

Step 2　慢慢將中間塗滿，試試看將筆頭傾
斜一點，可以畫出較大範圍的筆
觸。如果直接填色的話，色塊會太
過完整，這樣就無法呈現色鉛筆的
效果。

Step 3　新增圖層，或直接在同一個圖層繼
續畫上灰色部分。

Step 4	上方新增圖層，畫出鋁罐上方及扣
❶	環的線條。
❷	另外再新增一個圖層，畫出文字。

Tips.

此時可以先將底色圖層關閉，才能照著下方參考
圖片描出線條。白色文字的畫法跟前面的基礎線
稿畫法一樣，可以先用黑色，完成後再改成白
色。

Step 5	依序畫上每個色塊的陰影跟亮面。
	可以按照前面練習的方式，新增
	剪裁遮罩 圖層再畫。

如果已經比較熟練了，也可以試試
直接在底色圖層畫上亮暗。最後加
上影子，色鉛筆可樂罐就完成了。

Step 1 最後一種是塗鴉風格。這種畫法除了是一種畫風之外，也是練習快速掌握物品構造的方式。

將基礎畫法的可樂罐透明度調低，上方新增圖層後開始畫線稿。如果已經對鋁罐造型有信心了，也可以試著直接從空白的畫布開始畫。

✏️ 使用筆刷參考：麥克筆。

Tips.

與基礎畫法的線稿不同的是，這邊的線條具有更豐富的粗細變化。越主要的輪廓線越粗、越細節的地方越細。也盡量避免用按住拉直線的方式畫線，有點抖抖的線條更有趣！

Step 2 線稿下方新增圖層，在同一個圖層直接畫上所有底色、亮暗，邊緣稍微沒有對齊也沒關係。

Step 3 在底色與線稿中間新增圖層，畫上白色文字。最下方也新增圖層畫上影子，塗鴉風格可樂罐完成。

洗手乳罐

\ give it a try /

練習過最基本的鋁罐後,來挑戰構造稍微複雜一點的洗手乳罐。如果手邊有類似的按壓型瓶子,也可以拿出來當參考。

縮時示範

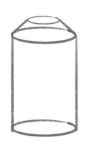

Step 1 首先，用橢圓形及直線畫出玻璃瓶身的構造，先忽略所有弧度，完成如圖的造型。

✏️ 使用筆刷參考：6B 鉛筆。

Step 2 接著畫出上方多個圓柱形，可以使用不同顏色以免錯亂。

Step 3 再仔細觀察照片，對照著畫出押頭的輪廓。

Step 4 擦除在後方會被遮住的多餘線條，完成洗手乳罐的基本構造。

　　　　　　　　　　　　　　Chapter 3・生活小物

Step 5

❶ 將草稿圖層透明度調低，上方新增圖層開始描線稿。

❷ 前面忽略掉的瓶身弧度，這邊再將它們畫出來，首先完成左半邊。

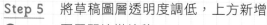
使用筆刷參考：乾油墨。

Step 6

❶ 複製圖層後按下方功能選單的 水平翻轉，就會獲得右半邊線稿。

❷ 將右半邊往右移動到與草稿重疊即可。這邊示範圖沒有完全重疊，是因為發現草稿有點歪歪的，所以做了調整。

Step 7 剩下的線稿照著草稿描繪就可以了。下個步驟會示範快速填色的方式，所以要注意線稿必須是完整的封閉線條，不要留空隙。

Step 8 點選線稿圖層，選 參照 。

Step 9 在下方新增圖層，調好顏色之後直接拖曳到瓶身、標籤貼紙、押頭的範圍，就可以快速完成上色。如果拖曳顏色後，發現整個畫布都填滿了，可能是線稿有空隙，再回去檢查一下吧！

Step 10 使用快速填色時，色塊與線條中間會有一些空隙，再手動補滿即可。

Chapter 3 · 生活小物

Step 11 用 剪裁遮罩 的方式，為每個色塊加上亮暗。咖啡色玻璃的部分，會有很多複雜的倒影、反光，可以將參考照片縮小或拿遠，觀察最主要的亮暗分布，省略太瑣碎的倒影形狀。

✏️ 使用筆刷參考：麥克筆。

Step 12 白色標籤貼紙上方新增圖層，畫出貼紙中的線條。

Step 13 最後將文字及影子依序畫在瓶身上，就完成了。

色鉛筆風格快速示範

首先完成底色→畫出亮暗→加上文字及影子，完成！

塗鴉風格快速示範

先描出粗粗的線稿→上色、加細節、完成！

透明玻璃罐

最後一個瓶罐練習，是比較具有挑戰性的玻璃密封罐。

縮時示範

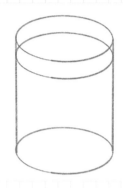

<u>Step 1</u>　首先，畫出基本的柱狀構造。

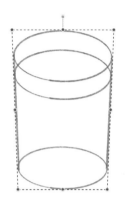

<u>Step 2</u>　這次試著加入一些透視概念。

❶　　點左上鼠標形狀的 選取工具 ，下
　　　方會出現一排功能選單。

❷　　點 扭曲 ，並按住圖案左下錨點往
　　　右移動。

❸　　再按住右下錨點往左移動，罐子的
　　　底部就會往內縮小了。

<u>Step 3</u>　上方新增線稿圖層，從玻璃罐最上
　　　　　面的橢圓開始畫。

　　　　　　✏ 使用筆刷參考：乾油墨。

Step 5   完成上蓋後，接著完成瓶身。到這邊玻璃罐的主要輪廓就完成了，接下來要加入更多細節。

Step 4   要畫很多弧度相同的橢圓時，可以在按住畫出橢圓形後，點選上方的 編輯形狀 ，即可調整剛才畫的圓。

Step 6

❶   將圖層透明度調低，新增圖層並畫出更多的圓。

❷   畫好之後，將底下圖層透明度調回100%，將兩個圖層合併。

Step 7 用同樣的方式，上方再新增圖層，畫出金屬釦的部分。在合併圖層之前，記得先將下方圖層應該要被蓋住的線條擦掉。

Step 9 接著，還有湯匙及裡面的粉。挑戰過前面超複雜的構造後，畫這些物件應該就變很輕鬆了。

Step 8 重複前一個步驟，繼續畫出金屬釦的其他部分。金屬扣構造真的很複雜，這幾個步驟花了許多時間才完成，需要有點耐心。完成玻璃罐的線條。

Step 10 線稿完成，接著準備開始上色。

Chapter 3 · 生活小物

Step 11　為了呈現出透明效果，在罐子後方先加上簡單的背景。新增圖層，完成罐子內的奶茶粉。

> ✏️　使用筆刷參考：麥克筆、雜訊。

Step 12　再新增圖層，完成金屬及蓋子下方橡膠圈的上色。金屬的亮暗對比很強烈，色塊之間界線分明。

> ✏️　使用筆刷參考：麥克筆。

Step 13　在奶茶粉及金屬的圖層中間，新增玻璃圖層，以白色畫上反光。

Step 14

奶茶粉下方再新增一個圖層,透明度調低到50%左右,用灰色加強
後側的玻璃陰影。

<u>Step 15</u> 加上罐子底下的影子,玻璃罐就完
成囉!

<u>Step 16</u> 如果想再增加透明感,將線稿
阿爾法鎖定 後,把玻璃部分塗成藍
色,就能提升透明度。

植物練習

在繁忙的生活中，是不是也希望周遭能出現療癒身心靈的綠色植物呢？
時下最流行的各類植栽，也都是適合描繪下來的寶物們呢！

單片葉子——圓葉花燭

give it a try

先從簡單的一片葉子開始練習，仔細
觀察葉子的紋路及它的顏色深淺。

縮時示範

Step 1 首先畫出葉脈中線，再畫出愛心形狀的葉子。

Step 2 上方新增圖層，跳過線稿步驟，直接選用色鉛筆開始上色。先框出葉子的輪廓。

> 使用筆刷參考：6B鉛筆。

Step 3 中間要塗滿顏色的範圍很大，可以像這樣先輕鬆的塗一層。

第二層，垂直疊在上一層的線條方向再塗一次，增加色塊密集度。

Step 4 第三層，將多餘的空隙填滿，即完成上色。

Step 5 用深一階的綠色畫上陰影。

Step 6 再用淺一階的綠色畫出亮面，這片
葉子的亮暗面不太明顯，所以簡單
的增加色階豐富度即可。

Step 7 上方新增圖層，開始畫上葉脈，先
畫出中線。

Step 8 觀察照片，畫出左半邊主要葉脈。
再畫出右半邊的主要葉脈。

Step 9 輕輕的、仔細的描繪出更細小的葉
脈。

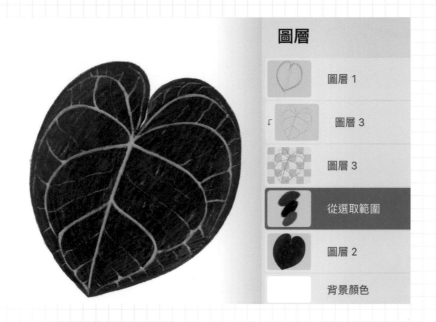

Step 10 這個步驟是快速畫出葉脈亮面的方式。

❶ 複製葉脈圖層（圖層3），並將上方的圖層設為 剪裁遮罩 。

❷ 點選 調整 中的 色相、飽和度、亮度 ，將顏色稍微調亮後，
往左上方移動一些。

Step 11 最後，一片完整的、顏色飽和的油
亮亮葉片就完成了！

give it a try

再來要練習的是，種植在花盆中的樹形
盆栽，有較多的枝葉等細節需要注意。

縮時示範

Step 1　首先，畫出花盆的構造，標示出樹
　　　　枝開始生長的位置。

Step 2　往上先畫出較粗的主要樹枝，再向
　　　　左右兩側延伸，畫出細的樹枝。

　　　　　　　　　　Chapter 3 · 生活小物

Step 3　將草稿的透明度調低，新增圖層畫上線稿，一樣從花盆開始。

　使用筆刷參考：乾油墨。

Step 4　畫花盆紋路時，用對半再對半的畫法，可以確保線條的間距與曲線一致。先畫出最中間的條紋，再畫出左右半邊的中間條紋。

Step 5　再重複畫上中間的條紋，讓紋路越來越細致。

Step 6　畫出內側條紋及鋪在上面的小石頭。

Step 7 新增圖層畫出樹枝，因為樹枝很
細，直接畫實心的線就即可，會比
描輪廓再上色要來得自然。

Step 8 再新增圖層，葉子也一樣可以直接
畫出實心的綠色葉片。

Step 9 畫上第一層葉子時，葉子與葉子間
不要重疊。

Step 10 下方新增圖層，調深一點的綠色，
畫出後方的葉子，一樣讓葉子之間
不要重疊。

Step 11 以同樣方式在上方新增圖層，畫上前側的葉子。完成後新增圖層，畫上石頭的陰影。

使用筆刷參考：乾油墨。

Step 12 下方新增圖層，替花盆加上淺淺的底色。

Step 13 將樹枝的圖層用 阿爾法鎖定 後，塗滿咖啡色。

Step 14 將樹枝、樹葉都畫上暗面。條紋複雜的花盆，可以像這樣先畫出大面積的陰影。

iPad 電繪畫畫課

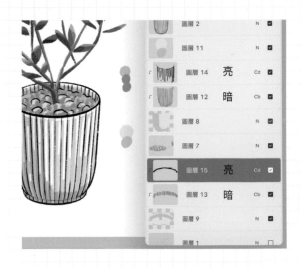

Step 15　新增 剪裁遮罩 圖層，選 加深顏色
用灰色畫出條紋凹下處的陰影。

Step 16　接下來，再新增一個 剪裁遮罩 ，
選 加亮 一樣用灰色，這次畫出凸
起部分的亮面。花盆內側，也用相
同的方式處理。

Step 17　最後，再觀察光源來的方向，加
上地面的影子，就完成囉！

完整大樹

give it a try

接著進階到下一關,街景上常會看到的完整大樹,樹葉生長茂密,繪製起來也需要一點點耐心。

縮時示範

<u>Step 1</u>　首先，將大樹想像成一根棒棒糖，
　　　　　畫出粗略的草圖。

<u>Step 2</u>　新增圖層，畫出正中央實心樹幹。

✏️　使用筆刷參考：乾油墨。

<u>Step 3</u>　觀察照片中葉子的生長方向，畫出
　　　　　大概的樹枝。如果可以近距離觀察
　　　　　樹枝生長方式，並畫出來，造型會
　　　　　更逼真。

<u>Step 4</u>　新增圖層，用綠色畫出葉子。因為
　　　　　大樹的葉子數量很多，可以選擇尺
　　　　　寸較大一點的筆刷，用「點」的方
　　　　　式點出葉子。

✏️　使用筆刷參考：麥克筆。

　　　　　　　　　　　　　　　　Chapter 3．生活小物

Step 5　沿著樹枝，有耐心地畫上一片片的葉子。

Step 6　在下方新增圖層，用比較深的顏色畫出後側的葉子。

Step 7　上方也新增新圖層，用比較亮的綠色畫出前側的葉子。

Step 8　將樹幹圖層設為 阿爾法鎖定 後，用咖啡色畫上紋理。

　　　　　✏ 使用筆刷參考：燒焦樹木。

Step 9
① 接下來,快速替葉子加上亮暗。先關閉中間及前側的葉子圖層。

② 將最後一層的葉子設為 阿爾法鎖定 ,並刷上一層更深的綠色。

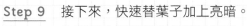
使用筆刷參考:雜訊筆刷。

Step 10
① 關閉後側葉子,打開中間的葉子圖層。這邊要使用與前面「單片葉子」的葉脈相同的畫法。

② 複製葉子圖層並調亮顏色,往左上方移動一點點,做出每一片葉子都「左上亮、右下暗」的效果。

③ 最後將整體樹葉最下方的亮色,稍微擦除就可以了。

Step 11 最上層的葉子也以相同方式完成修飾。如果想再增加樹葉的層次感及豐富度，除了調整「明暗」之外，也可以試試調整「色相」。

Step 12 將全部圖層打開，就完成綠意盎然的大樹囉！

快速示範——碰碰香

give it a try

一觸碰就會散發香氣的可愛碰碰香，葉片圓潤可愛，讓葉片垂墜下來生長，也很漂亮呢！

縮時示範

Step 1　首先，大致勾勒出碰碰香的整體外型。

Step 2　畫上花盆的線稿，及往不同方向生長的莖部。

Step 3　接著，再用深淺不同的顏色，重複畫上三層葉子。

Step 4　畫上花盆、土壤的顏色跟陰影。

Step 5　仔細地畫上葉子的亮暗面，讓整體更有立體感。

Step 6　這邊有一個不一樣的增加樹葉層次小技巧。

❶　將一、二層的葉子複製。

❷　將下方的原圖層填滿灰色。

❸　再把灰色圖層設定 剪裁遮罩 及 加深顏色。

❹　灰色圖層稍微往下移動，就能在下層葉子做出影子效果囉！

Step 7　在花盆底端畫出影子，點 調整 中的 動態模糊，拖曳將影子邊緣模糊，即完成。

快速示範──龜背芋

give it a try

近期植物界中的小網紅，喜歡朝著陽光生長的龜背芋，像愛心般裂開的葉片，一起來畫看看吧！

縮時示範

Step 1　先畫出愛心形狀的葉子外型，再慢慢勾勒裂開的葉片。

Step 2　描上線稿，並設定 參照 。

Step 3　下方新增圖層，快速填上顏色。

Step 4　仔細地畫上左右兩側葉脈。

Step 5　底色使用 阿爾法鎖定 ，刷上亮暗。複製葉脈圖層並設為 剪裁遮罩 ，調亮後往左上移動，完成葉脈立體感。

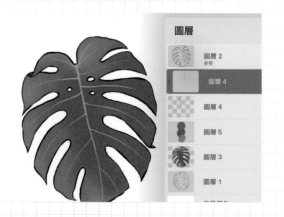

花朵練習

顏色繽紛的美麗花朵，也是大家最喜歡臨摹的素材。花瓣柔軟飄逸的模樣與豐富多變的紋路，相當考驗技法與觀察力。

層層疊疊的花

give it a try

初次看到層層疊疊的花瓣，可能會覺得很難下筆。但其實花朵不必真的一片片畫出來，也能做出很多層次的效果。

縮時示範

Step 1　先簡單的畫一個圓，再從中心點開始畫出花瓣，不需追求跟照片一模一樣。

Step 2　一圈一圈慢慢往外側，畫出剩下花瓣。

Step 3
❶　下方新增圖層、將草稿圖層設為 色彩增值 並調低透明度。

❷　將整朵花塗滿底色。

 使用筆刷參考：布萊克本。

Step 4　新增圖層，用深一點的橘黃色畫出中心的陰影，一樣由內而外，一層層畫出所有花瓣的陰影。

Step 5　完成第一層花瓣陰影後的樣子。

Step 6　上方新增一個圖層，用更深一點的橘色加強更深的陰影。

Step7　亮面也是相同畫法。畫出1～2層花瓣的亮面，筆觸方向要順著花瓣的紋路。

Step 8　將顏色圖層全部合併。上方新增圖層設為 剪裁遮罩 及 加深顏色 ，用灰色加強陰影。

Step 9 上方新增圖層設為 剪裁遮罩 及 加深顏色，用灰色加強亮面。

畫物品亮暗面的原則，就是越凹陷、重疊的地方加深；越凸起的地方加亮。

Step 10 還想再畫更多細節的話，最上方再新增一個一般圖層，手動調顏色補充細節。

接著，使用粉紅色增添一些色彩豐富度，還有用淺黃色加強中心的花瓣層次。

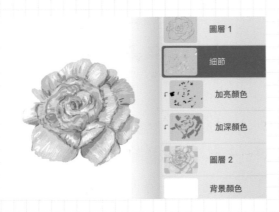

Step11 圖層順序參考，讓大家一目瞭然圖層新的順序。

花瓣分明的花

give it a try

練習過前面較複雜的花之後，圖中花瓣分明的花就顯得簡單許多，這邊快速示範，讓大家抓到訣竅即可。

縮時示範

Step 1 畫出一個圓，並標出花蕊的大概位置，再畫出花瓣。

Step 2 將花瓣的顏色塗滿，接著在中央畫出細小的花蕊。

Step 3 花瓣中心畫上深色，以及輪廓外圍的白色。我將畫面底色改成米色，讓大家看清楚白色的花瓣輪廓。

✏ 使用筆刷參考：葡萄藤探條。

Step 4 一筆一筆依序畫上花瓣中心的深色花紋。

Step 5 新增 加深顏色 圖層，在花朵中心加上漸層的陰影。

Step 6 最後在花蕊附近也加上一些細節，即完成。

Chapter 3 · 生活小物

\ plants /

綜合植物縮時示範

綜合花朵縮時示範

更多花花草草

可以多蒐集一些照片,試著模擬練習更多不同品種的花草。
將畫好的花草重新排列,加上簡單的背景色及文字,就能完
成一張充滿意境的作品。

食
物
練
習

食物的材質表現也非常多樣化，水果要鮮豔多汁、鮮奶油滑順綿密、鬆餅香甜軟綿……，嘗試看看各種不同筆刷，畫出最讓人垂涎三尺的美味食物！

紅豆麵包

give it a try

食物的造型其實不難，但要畫得「好吃」就需要一點技巧了。先從最基本的紅豆麵包開始練習吧！

縮時示範

Step 1 首先，畫出一個橢圓，再照著照片畫出內餡輪廓，上方撒芝麻的範圍也大概標示出來。

Step 2 下方新增圖層，草稿設為 色彩增值 並調低透明度。塗上麵包的顏色。

✏️ 使用筆刷參考：布萊克本。

Step 3 上方新增兩個圖層，分別畫上紅豆餡跟麵包切面的顏色。

Step 4 將麵包圖層設為 阿爾法鎖定，畫上麵包漸層，使用顏色及順序如圖。

✏️ 使用筆刷參考：葡萄藤探條。

Step 5　切面及紅豆餡圖層也是同樣的做
法。可以擅用筆刷效果製作出切面
的空隙感，以及紅豆餡的顆粒感。

測試了很多組筆刷後，才找到這個
適合畫內餡的筆刷。但沒有特別記
筆刷名稱，大家也可以自己多嘗試
看看。

Step 6　在麵包圖層上方新增兩個 剪裁遮罩
圖層，分別設定 加深顏色 及 加亮。
沿著切面周圍先畫上陰影，再畫上
一點點的反光。

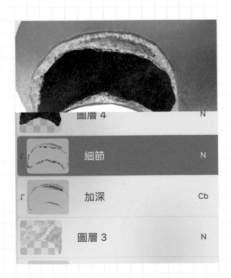

Step 7　這邊決定要把切面的洞也畫出來，
如果覺得太複雜，也可以略過。

❶　先新增 剪裁遮罩 ＆ 加深顏色 圖
層，用灰色畫出洞的陰影。

❷　再新增一個一般圖層，畫出更多小
細節。

Step 8 最後撒上芝麻,雖然很小但還是要畫一些亮暗。

再來複製芝麻圖層,將下方原圖層填滿灰色並設為 加深顏色 ,稍微往下移動就完成芝麻與麵包中間的影子了。

Step 9 美味可口的日式紅豆麵包,即完成!

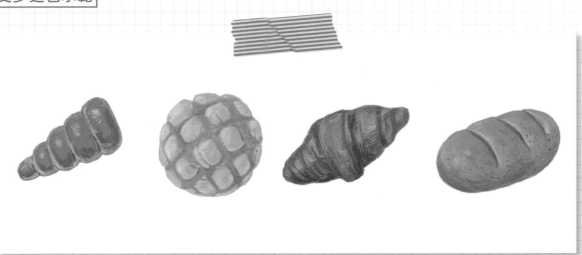

麵包的種類百百種,有菠蘿麵包、可頌麵包、丹麥捲等,形狀千變萬化,外觀質感也大不相同,可以先從自己喜歡的麵包開始練習。

縮時示範

Step 1 觀察各種不同形狀的麵包外型，並試著畫出來。

Step 2 這邊使用色鉛筆畫法。調出看起來很好吃的橘咖啡色，塗滿整個麵包。

Step 3 畫細節的步驟快速複習：

❶ 吸取底色，用深一階、淺一階的顏色畫出亮暗。

❷ 觀察物品，把有注意到的細節都畫出來，即完成。

水果類的甜點，是大家畫畫時相當受歡迎的選項！色澤鮮豔的水果，搭配療癒的點心，讓人愛不釋手。

縮時示範

Step 1　用不同顏色畫出底座的派及上方水果的輪廓。

Step 2　稍微用力一點，描出比較明確的線條，並一邊擦除多餘的線條。

Step 3　上方新增圖層，先畫上派的底色。

✏️ 使用筆刷參考：水粉畫。

`Tips.`

如果使用的是其他不透明筆刷，就要把草稿圖層放在最上層，並用 色彩增值 。

Step 4

❶　新增圖層，畫上草莓底色。

❷　新增圖層，畫上果醬底色。

❸　新增圖層，畫上奇異果底色。

❹　發現草莓跟果醬中間有一片葉子，所以在中間新增圖層，畫上葉子。

❺　水果的底下還有奶油，一樣新增圖層畫上白色。

<u>Step 5</u>　回到派的圖層，順著派皮紋路畫上
　　　　　亮暗。

<u>Step 6</u>　在奶油及草莓的圖層，也分別畫上
　　　　　亮暗。葉子、果醬、奇異果也一
　　　　　樣。

<u>Step 7</u>　再回到派，換鉛筆筆刷畫出細緻的
　　　　　派皮紋路。

　　　　　✏ 使用筆刷參考：6B 鉛筆。

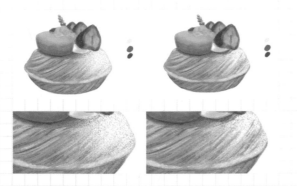

<u>Step 8</u>　派的上方新增 剪裁遮罩 圖層，大
　　　　　範圍刷上白色糖粉，再將凹下去撒
　　　　　不到糖粉的部分擦除。

　　　　　✏ 使用筆刷參考：雜訊筆刷。

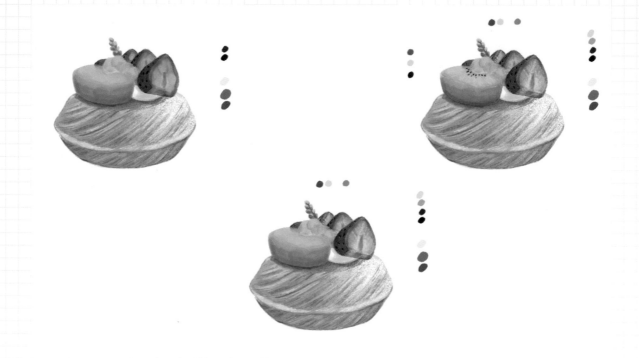

Step 9　繼續使用鉛筆筆刷，依序為水果們畫上籽、纖維等細節。

Step 10　最後在上方局部打上亮點，水果派即完成。

鬆餅快速示範

先描出大略的線稿→用水粉畫筆刷上色→用鉛筆筆刷畫出細節→完成！

縮時示範

綜合壽司

give it a try

食物當中，肉類與魚類的光澤度表現比較有點難度。先試著畫看看鮭魚卵軍艦壽司，再畫鮪魚握壽司。

鮭魚卵軍艦壽司　　鮪魚握壽司
　　縮時示範　　　　縮時示範

Step 1 將軍艦壽司的輪廓勾勒出來,再用圈圈示意鮭魚卵的部分。

Step 2 新增上色圖層,從最後側的海苔開始上色。海苔的顏色有點難調,太綠會像海帶,太黑又看起來不好吃,需要多試幾次。

第二層是鮭魚卵,使用水粉畫筆刷會有半透明效果,稍微透出底下海苔的顏色,就像真的鮭魚卵一樣。

Step 3 使用深一點的橘色,畫出一顆一顆的鮭魚卵。再新增圖層,畫出前側的海苔。

Chapter 3 · 生活小物

Step 4　使用鉛筆筆刷，畫出海苔的亮暗與皺褶。

Step 5　使用鉛筆筆刷，選更深的橘色，加強鮭魚卵的陰影。

最後，用白色點出鮭魚卵的反光，以及海苔一點點的油光，軍艦壽司即完成。

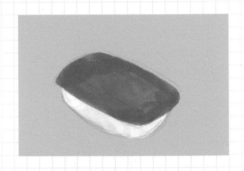

Step6   接著，換畫上鮪魚握壽司。

Step 7   畫上白飯、鮪魚，背景改成米色才能看到白飯。

Step 8   畫一粒一粒的白飯時，可以先用淺米色大範圍畫上陰影，再用白色畫出幾顆飯粒。鮪魚也是按照紋路畫出陰影。

Step 9   最後用鉛筆筆刷畫出更清楚的飯粒，以及魚肉的白色線條，鮪魚握壽司就完成了。

Chapter 4 | 可愛動物

輕鬆畫出俏皮小動物。

小動物練習

可愛小動物畫起來就是療癒！跟人物比起來，動物的表情及肢體動作相對簡單許多，是非常適合練習關節與動作畫法的對象，如果有自己特別喜歡的動物，練習起來心情也會更加愉快喔！

姿態百變的貓貓→基礎畫法

give it a try

貓貓的身體很柔軟，可以做出很多不同姿勢，是練習畫動物構造的好對象。

縮時示範

線稿

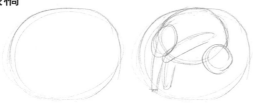

Step 1　先畫出抱枕般的橢圓形。接著，換顏色畫出更多個橢圓形，拼出貓貓的形狀。順序分別是：身體、頭、大腿、手、腳。

Step 2　觀察照片中的貓咪，畫出耳朵、五官、腳掌與尾巴等細節。

Step 3　將草稿圖層透明度調低，上方新增線搞圖層。從頭部開始描出線稿，可以將畫布旋轉把頭擺正，會比較好畫。

✏️ 使用筆刷參考：乾油墨。

Step 4　接著，慢慢畫出身體。胸口、大腿、尾巴等處的毛，這幾個部位的毛通常會有些蓬鬆，試著用撇的方式，畫出一些毛的感覺吧！

Step 5　畫好襯底的抱枕，線稿即完成。

上色

<u>Step 1</u>　下方新增兩個圖層，分別填上抱枕與貓咪的底色。

<u>Step 2</u>　抱枕的圖層使用 [阿爾法鎖定] 或 [剪裁遮罩]，依序加上陰影及亮面。

✏️　使用筆刷參考：麥克筆。

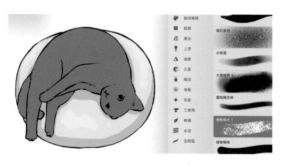

<u>Step 3</u>　點選塗抹工具，選擇一個適合畫出抱枕毛毛質感的筆刷，這邊我選的是 [燒焦樹木]。在抱枕色塊交接處，直接塗抹即可。

<u>Step 4</u>　接下來，要畫主角貓咪。底色圖層上方新增 [剪裁遮罩] 圖層，用深咖啡色畫上花紋。

✏️　使用筆刷參考：麥克筆。

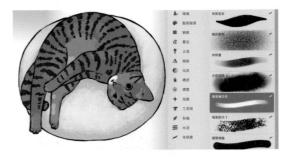

Step 5　底色與深色中間新增一個圖層，畫
上肚子與臉部橘橘白白的毛色。

Tips.

在底色與 剪裁遮罩 圖層中間直接新增圖層，
新圖層也會自動以下方底色作為 剪裁遮罩 的
形狀。

Step 6　接著，一樣使用塗抹工具，將色塊
邊緣暈開，這次使用 葡萄藤炭條 。
塗抹後，橘色毛與底色就能自然的
融合在一起了。

Step 7　用同樣方式畫背部深咖啡色的毛。

❶　　新增 剪裁遮罩 圖層。

❷　　吸取底色，將顏色調深一點後畫在
　　　背部深色區塊。

❸　　用塗抹工具，將邊緣暈開。

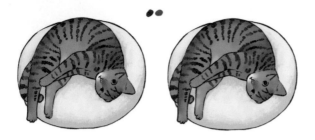

Step 8 虎斑紋的地方如果也想增加豐富度，也和前一個步驟是相同做法喔！

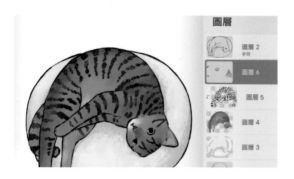

Step 9 新增圖層畫上眼睛、耳朵的顏色。完成後整理一下圖層，變成如圖中的狀態。
- 線稿
- 細節
- 虎斑紋 剪裁遮罩
- 底色
- 抱枕
- 草稿 關閉狀態

Step 10 最後，如果想再增加貓咪的立體感，可以將顏色圖層全部合併。上方新增兩個 剪裁遮罩 圖層，分別設定為 加深顏色 及 加亮顏色 。

用灰色在陰影及亮面處做加強。最後在線稿上方新增圖層，畫上白色的鬍鬚，立體的貓貓就完成了。

貓貓快速示範

不論貓咪的身體再怎麼扭曲，只要細心觀察，都可以搞懂
牠們神奇的身體構造。

縮時示範

Step 1　複習一下畫草稿順序：
❶　用橢圓畫出身體、頭、大腿與四肢。
❷　畫出五官、耳朵、尾巴等細節。

Step 2　新增圖層描好線稿。因為這隻貓是
白底，所以將背景換成其他顏色，
並畫出貓咪底色。

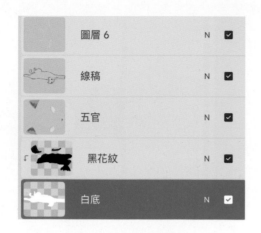

	圖層 6	N	☑
	線稿	N	☑
	五官	N	☑
	黑花紋	N	☑
	白底	N	☑

Step 3　上方新增 剪裁遮罩 圖層，畫出黑色範圍。再新增圖層，畫出五官等細節。

Step 4　正在伸懶腰的可愛賓士貓，就完成了。

再試著挑戰更多不同花色的可愛貓咪吧！

縮時示範

熱情小狗狗

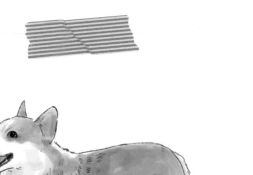

\ give it a try /

狗狗與貓咪的身體構造大同小異,在複習結構的同時,也嘗試看看不同的上色技巧吧!

縮時示範

Step 1 首先，畫出柯基的草稿，一樣以橢圓形將身體區分成幾個大區塊，再稍微用力一點，畫出更明確的草稿。

Step 2 新增圖層畫上線稿。這邊稍微加強了線稿的毛茸茸效果，連脖子毛的地方都畫了線。

✏️ 使用筆刷參考：德溫特。

Step 3 下方新增上色用的圖層，先畫上較明顯的咖啡色部分。再調深色畫出陰影。

✏️ 使用筆刷參考：水粉畫。

Step 4 新增圖層畫上鼻子、耳朵、舌頭。使用帶點不透明屬性的筆刷時，可以透過力道控制筆觸的透明度，能夠更快做出豐富的層次效果。

Step 5 白色毛的部分，用帶點藍的灰色畫上陰影。

Step 6 換成小筆刷，幫眼睛、鼻子舌頭加一些細節，身上再撒一些毛毛的線，一隻水彩風格的柯基即完成。

縮時示範

Chapter 4・可愛動物

圓滾滾兔寶寶

表情無辜的毛茸茸兔子，
雙腳併攏在身前的模樣，
是不是很乖巧呢？

縮時示範

Step 1　首先，完成草稿。正面的身體乍看
之下就是一坨圓圓的，但其實還是
有分成胸部、背部、大腿等。先把
構造觀察清楚，比較不會在畫圖時
迷失方向。

iPad 電繪畫畫課

Step 2 塗滿底色後，關閉草稿圖層，檢查一下邊緣。

✏️ 使用筆刷參考：布萊克本。

Step 3 依序加上陰影、亮面、臉部細節。畫毛毛動物時，筆觸方向可以順著毛的生長方向，效果會更自然！

Step 4 最後加上一些臉部細節，像是眼球的陰影、鬍鬚等，並加強下巴與四肢的輪廓線，即完成。

慵懶水豚君

give it a try

大人小孩都喜歡的水豚君，一副
慵懶想睡的樣子，看了總是讓人
感到心情愉快呢！

縮時示範

Step 1 首先，畫出水豚的草稿。這張照片
的水豚是有點半側面的姿勢。

Step 2 大面積的將底色塗滿。

Step 3 身體部分依序畫上陰影，更深的陰影與亮部，最後用灰黑色畫上五官。

Step 4 最後，補上更細微的深淺細毛筆觸，即完成。

　　　　　　　Chapter 4 · 可愛動物

呆萌小刺蝟

give it a try

大家仔細看看，這是一隻身體朝前、頭轉向
左邊看的小刺蝟，不是刺蝟的側面喔！

縮時示範

Step 1 畫出草稿，只要簡單描繪出刺蝟的整體外觀形狀，背部上的刺可以先省略。

Step 2 接著，填上身體跟刺兩大區塊的底色。

Tips. 在畫底色時，養成每換一個顏色就新增一個圖層的習慣，會更方便修改，最後完稿時再整理圖層即可。

Step 3 畫上臉部、耳朵、四肢的粉膚色，以及眼睛跟鼻子。再分別將每個色塊疊上陰影與亮面。

Step 4 先將整個背部視為一個大圓形，畫出大範圍的陰影之後，再用短線條畫出深色及淺色的刺。

Tips. 畫刺的時候，筆壓要均勻的從頭到尾都用力，才能呈現出一根根硬刺的效果。如果線條收尾處變輕，就會變成毛茸茸的感覺。

Step 5 最後，用小筆刷加上臉部的細節，及一些白色細毛的線條，就完成囉！

Chapter 4 · 可愛動物

動作敏捷小松鼠

總在樹林裡跳來跳去、活力十足的小松鼠，最大特徵就是有著蓬鬆的大尾巴！

縮時示範

Step 1　首先，大略勾勒出松鼠以及下方樹木的輪廓。

Step 2　一樣區分成兩大色塊，大面積的塗上底色。

Step 3 先完成樹木。依序用深色、更深色、淺色，畫出樹木的紋理。

Step 4 松鼠也是依序畫上陰影、亮面以及肚子上的白毛。

Step 5 用較小的筆刷加上臉部細節，以及更多的毛。

Step 6 把顏色圖層都合併後，用塗抹工具將尾巴暈開，製造出蓬鬆的感覺。

✏️ 使用筆刷參考：葡萄藤炭條。

Step 7 最後再用白色補上一些細微的毛，即完成。

愛洗手小浣熊

好像帶著眼罩的小浣熊，毛色的
分布也相當具有特色，是畫小動
物時很適合練習的選項。

縮時示範

Step 1　首先，大略勾勒出浣熊的草稿。

Step 2　接著再大面積的塗上底色。

Step 3　新增 剪裁遮罩 圖層，完成身上的花紋。

Step 4　畫毛毛的動物時，可以使用像 布萊克本 這種邊緣有分岔的筆刷，並將筆刷尺吋調大，就能節省一根一根畫毛的時間。

Step 5　最後可以用加深顏色、加亮顏色圖層，加強一下亮暗，即完成。

神祕感烏鴉

接著,來練習鳥類吧!首先是只有一個顏色的烏鴉。

縮時示範

Step 1 一樣先用橢圓形畫出身體、頭、尾巴的大致構造。接著,再畫出腳、喙、翅膀的輪廓。

Step 2　下方新增圖層，大面積的塗滿整片底色。

Step 3　用比較深的顏色先畫上腹部、下巴等較明顯的陰影。接著，將筆刷尺寸調小一點，畫出一些羽毛線條。

Step 4　仔細觀察，會發現烏鴉不只有灰黑色，羽毛上還帶了點藍紫色。將觀察到的顏色補上後，烏鴉就完成了。

Chapter 4 · 可愛動物

小巧麻雀

麻雀是路上很常見到的鳥類，你有仔細觀察過牠的模樣嗎？

縮時示範

Step 1 首先，勾勒好草稿，臉部及背上的花紋分布也可以大略標示出來。

Step 2 先塗上底色，因為咖啡色比例占最多所以使用咖啡色，以腹部的米白當成底色也沒問題。

Step 3 畫出明顯的米白及黑色區塊，圖層記得都要分開。

Step 4 將每個色塊都畫出陰影及亮面。

Step 5 最後，加上眼睛跟羽毛等細節，即完成。

智慧貓頭鷹

智慧代表的貓頭鷹，凝視的神情相當專注，深淺不一的羽毛斑點也是一大特色，一起練習看看。

縮時示範

Step 1　畫出貓頭鷹的輪廓，參考照片中他是站在人類手上，不過我想調整成站在樹枝上，就要自己想像一下腳的樣子。

<u>**Step 2**</u>　大面積的塗上底色，畫好樹枝。

<u>**Step 3**</u>　新增圖層，畫上臉跟腹部的米色以及深灰色斑點，腳爪的地方也要記得畫。

<u>**Step 4**</u>　將每個色塊都畫出陰影及亮面。

<u>**Step 5**</u>　最後，加上眼睛光澤及腳上紋路等細節，即完成。

神采奕奕鸚鵡

give it a try

這是一隻身體轉向側面的鸚鵡，微翹的冠羽是一大特色，接著仔細描繪出一層層的雪白羽毛吧！

縮時示範

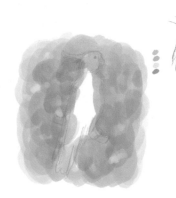

Step 1 首先，大致勾勒出出鸚鵡的草稿。

Step 2 因為鸚鵡是白色的，所以先畫上簡單的綠色背景。這邊使用的是 水粉畫 筆刷，使用3至4種的綠色畫圓圈，就能完成散景效果的背景。

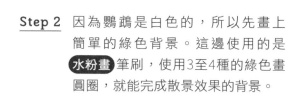

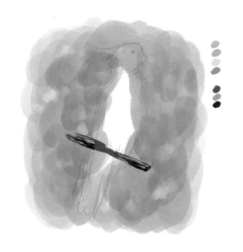

Step 3　新增圖層，先畫好樹枝，會被鸚鵡蓋住的地方可以省略細節。

Step 4　再新增圖層，畫出白色的身體輪廓以及黑色的腳爪。

Step 5　用米灰色畫出白毛的陰影，並畫出頭頂羽毛及五官。

Step 6　用小筆刷補上更多羽毛的細節，鸚鵡就完成了。

Chapter 4・可愛動物

海洋生物快速示範

最後，也試著畫一些水裡的動物吧！

縮時示範

魚類身上的顏色相當豐富，可以使用 剪裁遮罩 圖層畫好每個色塊，再分別設為 阿爾法鎖定 加上明暗變化。

先將鯨豚身上的色塊畫好。再分別新增設為 加深顏色
及 加亮顏色 的剪裁遮罩圖層，加上明暗，即完成。

縮時示範

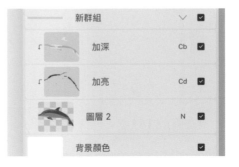

Chapter 4・可愛動物

技能 Plus：素描練習

如果想讓自己能夠更精準掌握描繪對象的造型以及明暗，最不能缺少的就是基礎素描練習。找到一組喜歡的鉛筆筆刷，一起用黑、灰、白在iPad上畫素描吧！

湯匙與叉子

give it a try

金屬餐具有明顯的亮暗面區別，以及光線折射感。先從形狀及顏色都較簡單的叉子與湯匙開始練習。

縮時示範

Step 1　用直線及圓形,勾勒出物品的輪廓。

Step 2　用中間調的灰色,將餐具全部塗滿。

Step 3　再使用更深一點的灰色,畫出明顯的陰影。

Step 4　再使用淺一點點的灰色,畫出比較亮的部分。

Step 5　接著用更深、接近黑色的灰畫出最深的地方,以及用白色畫出最亮的反光。

Step 6　最後將超出範圍的多餘線條擦除,即完成。

Chapter 4 · 可愛動物

湯匙與碗

銀灰色的湯匙與白色的碗，有更
豐富的灰階變化，試著挑戰看
看。

縮時示範

Step 1   先畫出碗的輪廓，再畫出湯匙與影
子的輪廓。

Step 2   將灰色的湯匙及影子先塗上顏色。

Step 3　用淺灰在碗的部分，輕輕刷上一層顏色。

Step 4　分別畫出湯匙及碗的深色影子。

Step 5　用塗抹功能將整張圖輕輕暈開。實際用鉛筆畫素描時，也經常使用衛生紙或海綿將線條暈開，這麼做可以將前面步驟的筆觸均勻融合，接著才能繼續畫出更多細節。

Step 6　先將超出物品輪廓外的顏色擦除，再加上更多深色與淺色的細節。

Step 7　重複一次抹開，擦除輪廓線外顏色的步驟。

Step 8　加強湯匙、碗及影子的邊緣處，並加上白色高光，一張細緻的素描就完成囉！

藍芽耳機

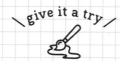

整體都是圓弧線條的白色耳機，
很適合用來訓練線條的流暢度，
以及不使用深色就能表現出作品
的立體感。

縮時示範

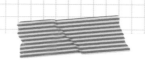

Step 1　耳機充電盒雖然是圓弧狀，但是先
　　　　　畫出立方體可以幫助我們確認結
　　　　　構。

Step 2　接著，再將邊角處修飾成圓弧型。

Step 3 先找到充電盒的中線，接著畫出兩隻耳機的輪廓，較遠的那隻會稍微小一點點。

Step 4 畫出更多的細節及影子的輪廓。

Step 5 用深灰色將最重的陰影部分畫出來。

Step 6 接著，用淺灰色全部輕輕刷上一層顏色。

Step 7 塗抹暈開，並擦除超出範圍的多餘顏色。

Step 8 加強輪廓細節，在亮面加上白色高光，即完成。

貓

give it a try

初次練習彩色圖像的素描時，可以先將照片轉為黑白色。
較熟悉之後，就可以試試看直接看著彩色照片或物品畫素
描。

縮時示範

Step 1 將畫布縮放至與照片差不多的大小，可以幫助我們更快抓到每個部位之間的比例位置。

Step 2 首先，將最明顯的黑色部分塗上顏色。

Step 3 接著，畫出中間調的灰色部分。

Chapter 4 · 可愛動物

Step 4 再畫上更深一點的灰色。

Step 5 以及稍淺一點的灰色,讓整體顏色更諧和。

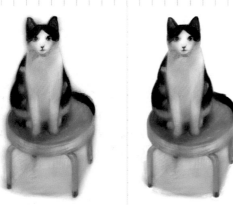

Step 6 塗抹暈開並擦除凸出去的顏色。臉部的色塊線條比較細,可以抹輕一點以免後續不好辨識輪廓。

Step 7 觀察照片中有照到光的部分，將高光的白色畫出來。

Step 8 最後，加強一下輪廓深色的部分，即完成。

加強自己對物品外觀的掌握度，試著把身邊的生活小物
都畫成素描作品吧！

除了用來練習，素描也可以是一種插畫的繪製方式。當不想畫太多色彩時，試試看單純黑白的插畫吧！

Chapter 4 · 可愛動物

Chapter 5 | 人　物

循序漸進畫出完整人物。

1

人物練習

人物不是一個容易畫的主題，因為構造複雜且多樣化，而且一旦畫得不自然就會非常明顯。可以先從較Q版或漫畫版的人物開始練習，等到能夠憑空直接畫出一個人物之後，再試著練習更寫實的畫法吧！

基礎臉部畫法

縮時示範

事先準備一面桌鏡，一邊看著自己的臉，一邊練習畫臉吧！

Step 1　在還沒熟悉五官的位置之前，想直接照著真人或照片畫出寫實人物，是一件相當具有挑戰性的事。

所以，先從Q版的頭開始畫起吧！不需思考五官比例、對稱性等，用自己最直覺的方式畫出一顆頭。

Step 2　接著，將第一張圖的圖層透明度調低，上方新增圖層，畫出比上一張更精緻一點，但還是Q版的頭。試著加入眉毛、耳朵等，較容易被忽略的五官。

Step 3　再一次將圖層透明度調低，上方新增圖層，畫出更細緻的臉，這次需要認真地觀察臉部比例。

Step 4　新增一個圖層來畫輔助線，可以幫助我們確認臉部五官之間的位置。

首先，找到經過頭頂、眉毛、下巴的三條水平線，觀察三條線的間距。一般經過眉毛的線大概會落在中間偏上一點，但每個人都會有一些差異。

畫好輔助線後，如果圖畫跟自己的臉部比例不一樣，再將圖中的五官選取起來移動一下位置，或擦掉重畫一次。

Step 5　接著畫出穿過 ①眼睛中間 ②鼻子下緣 ③嘴巴中間，的三條水平線。

再次觀察這幾條線的間距是否跟自己的臉一致，若沒有的話就再調整一下圖畫。

Step 6　最後，畫出穿過耳朵上緣及下緣的水平線，一般這兩條線分別會經過眼睛中間及鼻子下緣，但一樣會因人而異。

詳細臉部畫法

Step 1　了解輔助線的使用方式後，來試看看從輔助線開始畫出草稿的畫法。

❶　框出橢圓的頭型。
❷　畫出穿過臉中央的垂直線。
❸　在垂直線中間標記出中點。
❹　往上一點點的地方畫出穿越眉毛的水平線。

Step 3　將圖層透明度調低，上方新增圖層，畫出臉部草圖。

Step 2　接著，找出眼睛、鼻子、嘴巴的位置，換個顏色，避免和前一個步驟的輔助線搞混。

Step 4　上方再新增圖層，畫出經過雙眼眼頭、眼尾的垂直線，確認兩邊臉頰及五官是否對稱。

Tips.

除了示範的這幾條線之外，也可以試試畫出穿過鼻子兩側、嘴唇兩側等其他輔助線，找出對自己抓比例最有幫助的畫法。

Step 5　稍微用力一點畫出更精確的草稿線條，同時擦除多餘的雜亂線條。完成後，即可關掉輔助線。

Step 6　上方新增圖層，用粗一點的黑線，描出完整的線稿。

◀▬▭　使用筆刷參考：乾油墨。

Step 7　下方新增兩個圖層，分別填上皮膚及頭髮底色。

Step 8　接著用深色加上一層陰影，通常凹下去或被遮住的部位會有比較深的陰影。

Tips.

若不清楚哪些地方要加深顏色，推薦大家可以看看化妝教學的影片，需要修容的部位就是畫圖時要畫比較深色的部位。

Step 9　再來用淺一點的顏色，點出有高光的部位。可考化妝時需要打亮的部位來畫。

Step 10　最後用粉色畫上淡淡的腮紅及唇色，就完成囉！

五官的畫法

接著，來練習五官個別的畫法。之後在畫整張臉時，就能知道細節處該如何下筆。首先，大略畫出草稿。

縮時示範

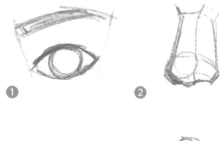

❶ 眉眼：眉頭與眼頭、眉尾與眼尾處，畫上斜線對照位置。

❷ 鼻子：由上而下拆解成山根、鼻梁、鼻梁兩側、鼻頭、鼻翼，先用塊狀畫出結構。

❸ 嘴巴：畫出中線做輔助，上下、左右盡量對稱。

❹ 耳朵：由外而內畫出輪廓。

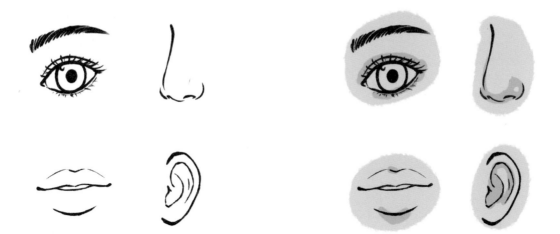

<u>Step 1</u>　將草稿透明度調低，上方新增圖層，描繪出清楚的線稿。

<u>Step 2</u>　下方新增上色圖層，畫上皮膚底色及一點深色。深色部分基本上就是較為凹陷、有陰影的部位。

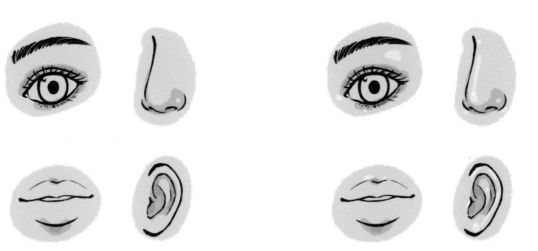

<u>Step 3</u>　再加上一層更深的深色，讓五官看起來更立體。

<u>Step 4</u>　接著點綴上亮色，就是在比較凸出的部位。

Chapter 5・人物

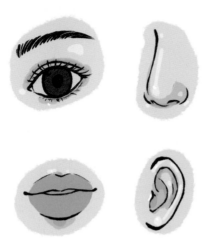

Step 5　新增一個上色圖層，畫上眼白、眼珠及嘴唇的顏色。眼白的顏色需注意不是純白色，而是帶點灰色調，因為眼球相較於整張臉是略凹下去的部位，會有陰影產生。

Step 6　在眼球及眼瞼交界處畫上陰影，嘴巴也是在內側畫上陰影。

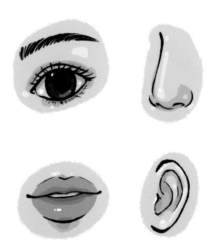

Step 7　加上亮面反光，用白色點上小小的高光點，可以讓眼睛、嘴唇有更水潤的效果。

縮時示範

__Step 1__ 臉部稍微朝上時，中心點會跟著往
上移一些。

__Step 2__ 穿過耳朵上、下方的水平輔助線，
會呈現往下彎的弧形。

__Step 3__ 順著輔助線畫出五官位置，這時可
以發現耳朵位置看起來偏低。

__Step 4__ 稍微用力描出較明確的草稿線。

Step 5　草稿透明度調低，上方新增圖層畫出線稿。

Step 6　畫好之後如果想移動五官位置，可以用 選取 功能，框出想移動的範圍並移動微調。

Step 7　頭髮加上一些髮絲線條，讓線稿更豐富。下方再新增圖層，完成上色。

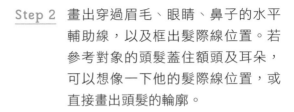

Step 1 畫偏向右側面的臉時，垂直的中心線會向右彎成弧型。

Step 2 畫出穿過眉毛、眼睛、鼻子的水平輔助線，以及框出髮際線位置。若參考對象的頭髮蓋住額頭及耳朵，可以想像一下他的髮際線位置，或直接畫出頭髮的輪廓。

Step 3 畫出五官草稿。

Step 4 換一個顏色的筆刷，圈出額頭、臉頰、下巴等較大面積的皮膚範圍，並對照一下比例。距離較遠的那一側臉，五官、皮膚面積都會比較小。

Chapter 5・人物

Step 5　新增圖層，描出精確的線稿。

Step 6　下方新增圖層，完成上色。

縮時示範

不同角度的臉──側臉

Step 1　畫完全側面的臉時，先用圓圈畫出
　　　　頭型，接著在額頭到下巴之間畫一
　　　　條直線，弧形也先留著不要擦掉。

Step 2　畫出臉部草稿，側臉較凹的位置（山根、鼻子下緣、嘴唇下緣）靠近直的輔助線。較凸的位置（鼻頭、嘴唇）靠近弧形輔助線。

Step 3　新增圖層，描出乾淨的線稿。

Tips.

男性的側臉輪廓凹凸通常較明顯且有稜有角、女性則較柔和。

Step 4　下方新增圖層，完成上色。

Step 5　畫較短的頭髮時，可以將頭髮圖層設為 阿爾法鎖定 ，用顆粒較粗的筆刷（例如：雜訊）刷上一點膚色，呈現出透出下方膚色的效果。

縮時示範

Step 1　跟朝上的臉相同的概念，只是水平輔助線變成向下彎曲，耳朵的位置看起來會比正面時來得高。

Step 2　畫出草稿。

Step 3　新增圖層，描出線稿。

Step 4　下方新增圖層，完成上色。

人物練習

完成了基本的五官與各種不同角度臉的畫法之後，接著要繼續挑戰全身的畫法了。肢體的動作千變萬化，一樣需要多多觀察和練習，留意身體的比例。

全身人物比例

縮時示範

剛開始練習全身人物畫時，可以多參考古代的石膏像來練習，尤其是文藝復興時期的雕像。當時的雕像、畫作中的人物常以「Contrapposto」姿態站立，呈現出完美的動態感及身體線條，非常適合作為練習人體結構的參考。

Step 1 首先，畫出圓形的頭，下方畫一條直線連接到地上。

Step 2 先大概畫出梯形的身體、腰部，以及三角形的髖部。在肩膀、腰、髖關節處畫出方向線，並修正身體草稿的角度。

Step 3 畫出雙腿，分別有大腿、膝蓋、小腿、腳等部位，右腳跟剛好落在中心垂直線的位置。

Step 4 畫出雙手，分別有肩膀、上手臂、手肘、下手臂、手掌。左手是彎曲向上的姿勢，肩膀及上手臂會被擋住。

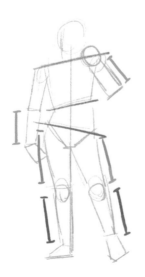

Step 5 畫好輪廓草稿後，比對肢體之間的長度比例是否正確。

❶ 確認兩隻手、兩隻腿等相同部位的長度一致。

❷ 確認手肘與手掌，分別對應到身體的高度。

❸ 確認上半身與下半身的長度比例。

Step 6　比例抓好之後，就可以將圖層透明度調低，上方新增圖層，畫出人物的外型。

Step 7　換個顏色，仔細地將肌肉分布線條畫出來。

Tips.

若想更深入的了解人體肌肉與骨骼的結構，除了多觀察肌肉線條明顯的人物之外，也可以尋找藝用解剖相關書籍來參考。

Step 8　將圖層透明度調低，上方新增圖層畫出完整線稿。

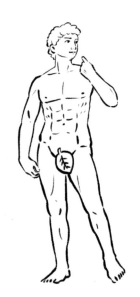

上色

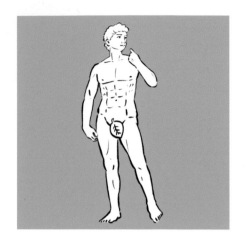

Step 1　因為石膏像是白色的，所以先將背景設為灰色，接著在人物線稿下方新增圖層，並填滿白色。

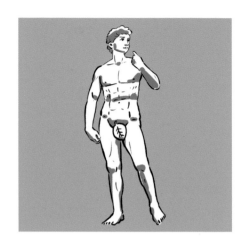

Step 2　用灰色畫出第一眼能觀察到的陰影。若覺得看不太出來，可以試著瞇眼或將圖片拿遠一點觀察。

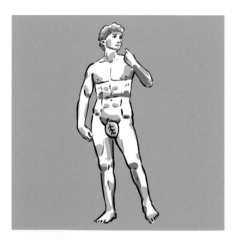

Step 3　再調一個淺一點的灰色，畫出較淺一點的陰影。

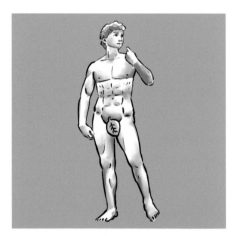

Step 4　使用塗抹工具將陰影抹開。不須大範圍的隨性塗抹，觀察照片找到陰影較柔和的部位塗抹。骨骼與關節處的陰影會較銳利。

Step 5　最後，擦除一些多餘的陰影，這張
　　　黑白的石膏像就完成囉！

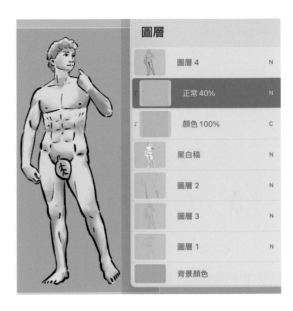

Step 6　接著，也可以直接將石膏像覆蓋上
　　　膚色。

　　　使用一個 顏色 圖層及一個透明度
　　　40%的 正常 圖層，分別填滿膚色，
　　　並用黑白稿作為 剪裁遮罩 範圍。

Tips.

若想更深入的了解人體肌肉與骨骼的結構，除了
多觀察肌肉線條明顯的人物之外，也可以尋找藝
用解剖相關書籍來參考。

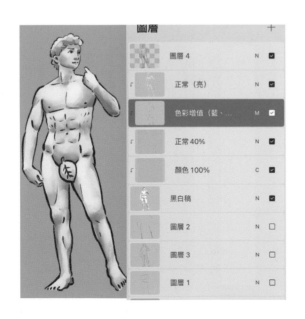

Step 7　接著，新增一個 色彩增值 圖層，用
　　　淺藍色畫上陰影。再新增一個 正常
　　　圖層，補上亮面及更多觀察到的細
　　　節。完整的膚色人體即完成。

縮時示範

Step 1　仔細觀察自己的手,先大略圈出手掌範圍。

Step 2　將手掌畫成五邊形,分別連出手指、手腕,手指尖端先不用相連。

Step 3　在四指的關節處畫上弧線,完成手指的形狀。

Step 4　將圖層的透明度調低,上方新增圖層描出線稿。

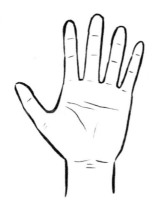

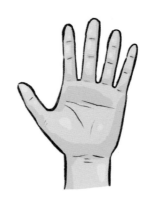

Step 5　稍微畫出一點細細的掌紋，完成手掌的線稿。

Step 6　下方新增圖層，畫上皮膚底色及亮、暗面。

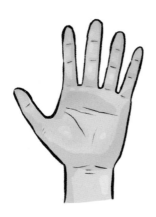

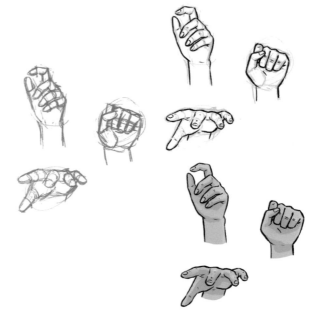

Step 7　在指尖、手掌處稍微刷上一點粉色，增加紅潤感。

Step 8　繼續觀察更多手部動作，練習不同姿勢與角度的手的畫法。

　　　　　Chapter 5・人物

動作1——走路姿態

縮時示範

Step 1　這張是一個要往上爬樓梯、背對著畫面的人物。先用紅色畫出頭、身體與腳，再用藍色畫出手。如果畫草稿時容易被複雜的線條混淆，也可以多用幾種不同顏色來畫不同區塊。

Step 2　接著，畫出頭髮及服裝，畫好後可擦除一些被覆蓋著的身體草稿。

Step 3　新增圖層，描出線稿。

Step 4　新增圖層，依序完成上色。

縮時示範

動作2——坐著的姿態

Step 1　再來是坐著、翹腳的姿勢。先畫出頭及身體。

Step 2　接著，畫出雙手及雙腿，再將身體被擋住的部分擦除。

Step 3　新增圖層，先畫出稍微明確一點的草稿。

Step 4　再新增一次圖層，仔細描出乾淨的線稿。

Step 5　新增圖層，依序完成上色。

在畫全身人物時，如果有不清楚是怎麼做出來的動作，可以在鏡子前試著做做看。觀察自己關節的折法、肌肉會如何用力，這樣畫出來的人物就會越來越自然。

多人合照

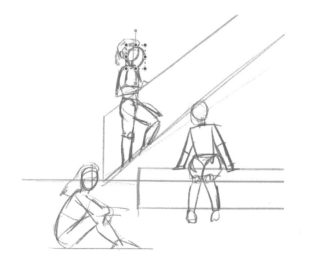

縮時示範

當畫面中有很多人物時，畫好草稿之後可以新增一個圖層，圈起其中一個人的頭部，再將圓圈移動到其他人的頭部，確認大小是否接近。越前方的人物，會更大一點，但如果不是距離非常遙遠，大小是不會差太多的。

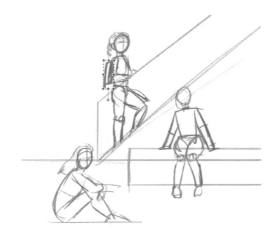

用同樣的方式繼續比對身體、手臂、腿部等。

在完稿時，可以將每個人的圖層分開，最後畫完如果還想微調，可以單獨縮放，任意調整大小。

練習過正確的人物骨架及比例後，也可以試著將身體形狀畫得更誇張，繪製出特色更強烈的人物角色，呈現出更多元化的畫風。

Chapter 6 | 場景與構圖

一起打造創意無限的空間！

完整構圖練習

畫畫最有趣的地方，就是創造出一個屬於自己的世界，如果想要讓人彷彿能夠進入畫中，就要畫出具有臨場感的場景。這個單元，會介紹幾種最常見的構圖方式，全部練習過後，再多找一些自己喜歡的場景來畫畫看吧！

水平構圖1——自然景觀

風景構圖中最常見的就是水平式構圖，畫面由遠景、中景、近景層層疊疊而成。

縮時示範

風景構圖中最常見的就是水平式的構圖，畫面由遠景、中景、近景層層疊疊而成。

觀察這張照片，距離大致分為遠景、中景、近景三個區塊。通常越靠近畫面上方就是越遠的物品，而畫面焦點則會落在近景的位置。

Step 1 畫出畫面中最顯眼的主要色塊,依遠、中、近景區,分出圖層及順序。

✏️ 使用筆刷參考:布萊克本。

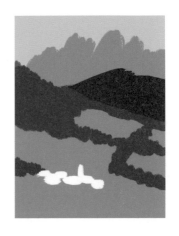

Step 2 再縮小範圍,將第二顯眼的色塊畫上。

Step 3 回到最遠的高山圖層,畫上一些細節,也是以色塊為主,不用畫到太仔細。

Step 4 接著,一一點綴上第二遠的樹林。

Step 5 中景樹林與遠景樹林顏色要稍微不同，才不會混淆在一起。通常越遠的物品顏色會越霧，也就是彩度越低，越近的物品則越飽和。

Step 6 再來是近景的主要房子區域，因為這個部分會畫得比較仔細，所以先打上草稿。

Step 7 完成房子及周邊的樹林與圍牆等元素。

Step 8 最後，畫的是在視角前方模糊的葉子，大略畫出葉子即可。

Step 9 再用 高斯模糊 功能，將葉子模糊
掉。這麼一來，這個畫面就更有由遠
至近的距離感了。

縮時示範

give it a try

接著要練習的是背景物品稍微複雜
一點的水平構圖場景。

Step 1 拿出在植物章節畫好的欒樹,於背
景框出較明顯的分層。

Step 2 畫上更多草稿細節,包括遠方的建
築物、圍牆及車子。

Step 3　刷上天空的藍色漸層，可以用帶有顆粒的筆刷增加質感。

Step 4　新增一個圖層，畫出白雲。

Step 5　用半透明的筆刷，畫出天空白雲的樣子。

✏️ 使用筆刷參考：水粉畫。

Step 6　從最遠的建築物開始畫，用簡單的色塊來畫，不用太多細節，下方會被前面的景色擋住所以不用畫完。

Step 7

再來畫出稍微近一點的捷運。畫出一球一球的綠色，再畫上亮、暗面及樹枝，完成一排樹。

<u>Step 8</u>　畫出草叢及稍微近一點的樹木們。

<u>Step 9</u>　增加草叢的陰影後，畫上鐵網以及近處的雜草堆。

Step 10 畫上柏油路的底色。

Step 11 最後畫出車子及柏油路的細節，影子部分可以使用 色彩增值 圖層來繪製，即完成！

Chapter 6・場景與構圖

透視構圖1──街景

畫街道時，需要使用一些透視的構圖概念，就讓我們一起來練習吧！

縮時示範

消失點

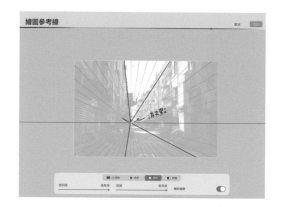

Step 1　首先，找出畫面中的直線，像是道路的兩側以及相近樓層建築物的頂部。這些線條會匯聚在一個點上，這個點就是透視消失點。

Step 2　打開繪圖參考線，選 透視 ，並在消失點點一下。這時會出現更多往消失點集中的直線，凡是由近到遠的直線，都要依照這些線的方向及角度畫。

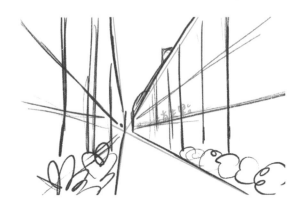

<u>Step 3</u>　畫出街道兩側的建築物及盆栽的大略
　　　　　草圖。

<u>Step 4</u>　將畫面粗略地分成幾個最顯眼的主
　　　　　要色塊。

<u>Step 5</u>　接著,畫出建築物的門窗,以及電
　　　　　箱與招牌等色塊。

<u>Step 6</u>　觀察照片,畫出左半邊建築物的細
　　　　　節,太細小瑣碎的物品可以省略或
　　　　　用色塊呈現。

Step 7 接著再慢慢完成右邊的牆面繪製。

Step 8 畫上道路的標線及光影就完成囉！因為街景的細節很多，這張就示範到這。如果有耐心的話，也可以繼續畫出更多你所觀察到的細節。

透視構圖2──室內房間

give it a try

在找參考照片時,建議找畫面中有較多直線,像是牆角、地板邊緣、窗戶等,會比較容易找出消失點。

Step 1 先不打開繪圖參考線,直接大略勾勒出畫面的草圖。

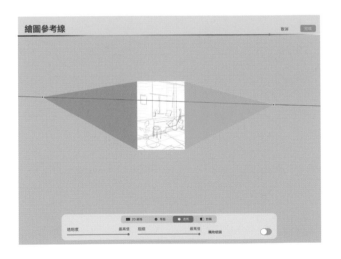

Step 2 接著再打開繪圖參考線,在左右各點出一個消失點,移動至線條與畫面中的直線平行時。

縮時示範

Step 3　打開繪圖輔助功能，快速地畫出畫面中精準的直線。沙發雖然不是方方正正的形狀，但依然可以找出一些邊緣的直線，後續再畫出確切的外型。

Step 4　將圖層透明度調低、上方新增新圖層，描一次線稿。

像是掛布與地板邊緣等，有點不平整的線條，就不使用 速創形狀 的直線功能，直接手動描出直線，看起來會比較自然。而窗戶、暖爐等非常工整的線，可用快速拉直線的方式來畫。

◀▇ 使用筆刷參考：乾油墨。

Step 5　接著,畫出剩餘物品。可以依照自己的想法,自由刪減或新增畫面中的物品。

Step 6　最後依序加上色彩,就完成了。

◀▦▏使用筆刷參考:水粉畫。

非實際空間的構圖

重複圖案　　用重複的物件排滿畫面，繪圖時可以將每個物品圖層分開，這樣之後可以調整構圖，製作成各種尺寸的圖案。

只有主要物件　有時也不一定要將整個畫面畫上滿滿的物品，只有主角與相關的物件，搭配簡單的漸層色背景，也是一張充滿氛圍感的完整作品。

場景中常見質感畫法

天空

縮時示範

 靠近天空中央藍色較深。

 靠近地面藍色較淺。

使用 反光 筆刷,即可快速畫出太陽。

天空中央：藍紫色。

漸層

夕陽周遭：橘紅色。

縮時示範

太陽外圍光暈為橘紅色。

海面顏色與天空一致，順序相反，
顏色較深一點。

使用不同深淺、色相的藍堆疊出夜空。

縮時示範

月亮缺口處是影子，月球仍是完整圓形，所
以是不會有星星的。

近景處畫一些樹林剪影，更有仰望星空的感覺。

水波紋

縮時示範

Step 1　首先，準備好一個水藍色底圖，可以使用不同深淺、色相的藍，做出一點漸層色塊。接著新增 加深顏色 圖層，用淺灰色畫出一塊塊橫向不規則形狀。

✏️ 使用筆刷參考：麥克筆。

Step 2　於淺色處補上小塊的不規則形狀，使淺藍色線條的寬度都變得較細。

Step 3　完成第一層的水波紋。

Step 4　再新增一個 加深顏色 的圖層，於上一層深色範圍內，畫出幾個深色塊狀。

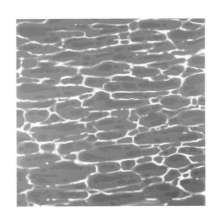

Step 5 新增圖層，用白色在淺藍色線條範
圍內，畫出水波紋的反光。

✏️ 使用筆刷參考：柔質噴槍。

Step 6 最後，再新增一個圖層並設為
加亮顏色 ，補上一些亮面，即完
成。

✏️ 使用筆刷參考：水粉畫。

木紋

縮時示範

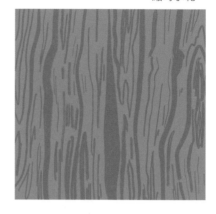

Step 1　❶　畫面填滿淺咖啡色。
　　　　❷　用稍微深一點的咖啡色畫出隨性
　　　　　　的線條。

✏️　使用筆刷參考：布萊克本。

Step 2　將筆刷尺寸調小，順著粗線條的方向
　　　　畫出細的線條。

Step 3　畫上更細的深色及淺色，木紋就差不
　　　　多完成了。

Step 4　最後在上方新增 加深顏色 圖層，用
　　　　燒焦樹木 筆刷畫上一層淺灰，創造
　　　　出更擬真、粗糙的質感。

技能 Plus⋯速寫練習

人物及場景本來就比較困難，短時間內畫不太好是相當正常的。透過速寫練習，可以有效的幫助我們更快掌握人物動作、畫面組成等，加快畫圖的節奏後，就能把更多心力放在細節修飾上。

找一張想畫的圖，設定好5分鐘、10分鐘、30分鐘的鬧鐘（或10分鐘、30分鐘、1小時等，依照自己的速度做調整），每一次都從空白畫布開始畫，在時間到之前完成一張完整的畫面。

騎腳踏車的人

縮時示範

give it a try

這張照片中的腳踏車後輪被切掉了，需要增加一點想像力，把它補上。

在時間非常有限的情況下,將速寫重點放在人物的姿勢上。試著讓這個人騎腳踏車的畫面,看起來沒有太突兀就好。

剛開始的第一分鐘,可以先用幾何形狀快速地抓出整體比例,這樣後面畫線條時比較不會歪掉。最後,在黑色物品及陰影處塗上黑色,讓這張只有線條的圖畫更有分量感。

✏️ 使用筆刷參考:德溫特。

可以選擇20分鐘都用來畫單色線條,或是完成線條之後,再上一點淡淡的色彩。

比起5分鐘的速寫,這張多了衣服皺褶、腳踏車鏈條等細節,不過整體的線條還是比較隨性的狀態,所以選擇用半透明的水粉畫筆刷來上色。

✏️ 使用筆刷參考:德溫特、水粉畫。

40
分鐘完成

有了充足的時間可以畫出完整、精細的線稿,因此這張作品除了人物姿勢外,也將腳踏車的結構畫得更明確。上色選擇了比較飽滿的麥克筆筆刷,也加入一些明暗的變化。

當同一張圖練習到第三次時,有沒有覺得可以看到更多之前沒發現的細節呢?因為速寫練習讓我們更快速掌握了整體畫面,就有多的心力可以放在細節的刻畫上。

使用筆刷參考:乾油墨、麥克筆。

Chapter 6．場景與構圖

15
分鐘完成

give it a try

風景畫面中通常有很多的瑣碎小物件，透過速寫練習，可以幫助我們找出畫面中最重要且不可或缺的元素。

縮時示範

用較粗的線畫出分割畫面的幾個主要線條，像是河道、屋頂、橋及小船。用細線畫出人物、窗戶、樹叢等較小的物品。最後，用大範圍的筆刷，刷出一點點的明暗變化。

◀▬ 使用筆刷參考：德溫特、水粉畫。

20
分鐘完成

60
分鐘完成

接著試試看彩色版,直接用色塊劃分出畫面中的主要區域。例如,草地、河道、房子、橋、小船等。然後再繼續畫出較小的物件。

✐ 使用筆刷參考:布萊克本。

經過前兩次的練習,這次很快的就能抓出畫面構圖,有更多時間用小筆刷慢慢畫出線稿。

除了物品的輪廓,也直接用線條畫出陰影。這樣後續上色時,只要簡單的幾個色階就能做出立體效果。

✐ 使用筆刷參考:乾油墨、水粉畫。

就算只有短暫的零碎時間，也能畫些小物品的速寫，當成練習與休閒活動。

縮時示範

練習畫出腦海中的畫面

除了看著圖片或物品的速寫，另一種速寫訓練是在不看著任何參考物的情況下，試著直接勾勒出腦海中的畫面。閉上雙眼，想像一個自己最有感覺的場景，不需要讓每樣物品都很清晰，重點是整個畫面的色調、氛圍與層次。

縮時示範

剛開始嘗試這種練習方式時，很有可能怎麼畫都畫不到想要的感覺，除了繼續多練習之外，更實際的進步方式，就是個別練習畫面中的每個物品，最後再將它們組合起來。這個訓練，可以幫助我們不過度依賴參考圖片，腦中想畫什麼都能直接畫出來。

Step 1　這是在一個森林裡，有一束束的光線從樹葉之間灑下，照亮樹葉及水面的畫面。先用深綠色填滿整個畫布，接著畫出繞著池塘一圈的石頭。

◀━ 使用筆刷參考：水粉畫。

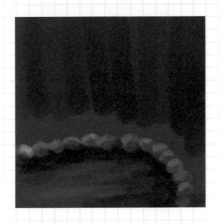

Step 2　幫石頭加上亮面,池塘的樣子就顯現出來了。背景處刷上一些直條的色塊,這些是遠方的樹幹。

Step 3　用深咖啡色畫出樹幹的輪廓。再用淺一點點的咖啡色,疊出樹幹的亮面,更遠的地方用深灰藍色輕輕帶過,製造一點夜色的朦朧色調。

<table>
<tr><td>Step 4</td><td>用深淺不同的綠色，一層層疊出地面上的葉子。</td></tr>
</table>

Step 4　用深淺不同的綠色，一層層疊出地面上的葉子。

Step 5　水面上畫幾片荷葉，草叢裡也加入幾根較細的小草，以及攀附在樹幹上的藤蔓。

Step 6　用半透明的淺綠色畫出光束，將光照到的地方加上亮面。

<u>Step 7</u>　最上方新增一個 添加 圖層，在受光處用黃色加上高光。最後換一個尺寸略小的筆刷，畫上一點點的細節，就完成了。

　　　　　 使用筆刷參考：6B鉛筆。

Chapter 7 | 氛圍營造

光影的魔法與小動畫製作。

光影色調的變化

經過前面的各種練習，現在應該已經能掌握大部分物品的畫法了。在這個章節，我們要利用光影、色溫的調整，讓畫面變得更有氣氛。

加點光影

give it a try

原始的參考照片沒有特別強烈的光，不過我們可以運用一點小技巧，讓蛋塔看起來更加美味。

縮時示範

Step 1　先畫出蛋塔的底色。圖層由上至下
　　　　依序為：

❶　外側包裝紙。

❷　蛋塔。

❸　內側包裝紙。

✏️ 使用筆刷參考：布萊克本。

Step 2　畫出蛋塔內餡微焦、軟嫩的細節。

✏️ 使用筆刷參考：水粉畫。

Step 3　畫出底部影子以及內餡部分的反
　　　　光，就完成了蛋塔基本的樣子。

Step 4　接著在每個圖層上方新增 剪裁遮罩
　　　　圖層，效果設定為 添加 。在包裝紙
　　　　及蛋塔上緣刷上一點黃色，影子的
　　　　圖層則刷在下緣。

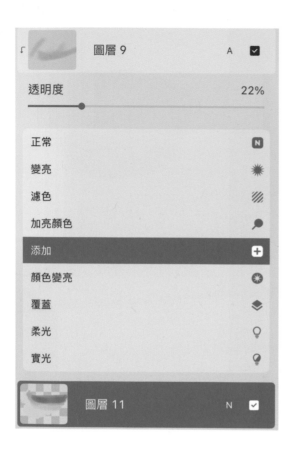

Step 5 可以調低圖層透明度,讓發光效果更柔和。

Step 6 看起來像是剛出爐,熱呼呼又閃閃發亮的蛋塔,即完成。

這張參考照片本身就有明顯的光，我們再試著把光線變得更夢幻。

縮時示範

Step 1 首先，用白色畫出瓶子形狀，將圖層透明度調低，上方新增一個圖層，並使用瓶子形狀圖層的範圍製作遮罩。

這麼做的用意，是可以比較快速的做出玻璃透明感。如果要直接畫出瓶子裡面的水也沒問題。

Step 2 用灰白色完成瓶子與水的影子及反光。

Step 3 繼續畫出植物葉片、根莖及花瓶的影子。

Step 4 將全部的圖層設為群組，複製群組後，合併新的群組圖層。

Step 6 在 加深顏色 圖層，使用灰色在葉子重疊處、瓶子底部加強深色。

Step 5 再新增四個圖層，全部都用 花瓶─複製 這個圖層範圍製作遮罩。

個別設定圖層效果，效果及用途分別為：

❶ 添加 ：畫強烈的反光。
❷ 色彩增值 ：畫冷色調陰影。
❸ 加亮顏色 ：加強物品亮面。
❹ 加深顏色 ：加強物品暗面。

Step 7 在 `加亮顏色` 圖層，用灰色在葉子受光處加強亮面。

Step 8 在 `色彩增值` 的圖層，將有影子的地方都刷上一些灰藍色，讓暗面的色調變冷一些。

Step 9 在 `添加` 圖層，在物品受光處刷上一些橘黃色，讓畫面有閃閃發亮的效果。花瓶的光線處理好了，接下來是背景的光線。

Step 10 在花瓶與背景圖層中間新增一個 加深顏色 圖層，用超大尺寸筆刷在畫面右下方刷上藍紫色。

再新增一個 添加 圖層，一樣用超大筆刷在畫面左上方刷上橘黃色。這樣就完成了背景的光線。

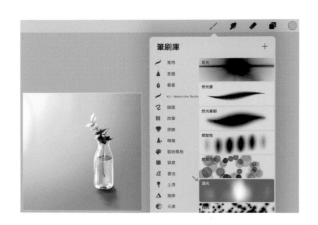

Step 11 最後，可以使用內建的 漏光 筆刷，在畫面較亮的左側刷上一點漏光效果，增加畫面的豐富度，即完成。

　　　　　　　　Chapter 7·氛圍營造

即使圖中沒有畫出窗戶，只要畫出從窗外灑入的光線，就能讓畫面中的空間更有延伸感。

同樣的，畫出樹的影子也能讓人對畫面之外的景色產生更多想像。

如果要強調光線的強烈，可以更大膽地將光最強的地方調到全白，甚至有點過曝效果。

Step 1　首先，畫好基本色的圖，左邊為夏天的女孩、右邊為冬天的女孩。只要很簡單的加上暖色或冷色調，就能讓夏天及冬天的氛圍更加明顯。

Step 2　新增 實光 圖層，填滿暖色的淺黃或冷色的淺藍，調整圖層透明度至適當的數值。

如果要減掉多餘的顏色，可以將圖層新增遮罩，用黑色畫在不想要有顏色的地方。最上方再新增一個 添加 圖層，加上一些光線。

Step 3　這樣夏天陽光的效果及冬天冰冷的效果，就能完整呈現出來。

冷色調除了可以用在天氣寒冷的畫面中，也很適
合使用在夜晚的場景。

在水中的場景，也可以覆蓋上一層藍色調的
圖層。

當然也可以忽視天氣是冷或熱、白天或夜
晚，單純調出自己喜愛的色調。

更多調整功能

1. 色差

Step 1 點選 調整 中的 色差 功能。

Step 2 移動黑色圓形及左右滑動螢幕調整參數，可以製作出邊緣的光暈感。

Step 3 在畫背光場景時，可以用這個功能快速做出邊緣反光的效果。例如這張圖中的植物、鐵窗、人物、貓咪，都使用了色差效果。

2. 雜訊

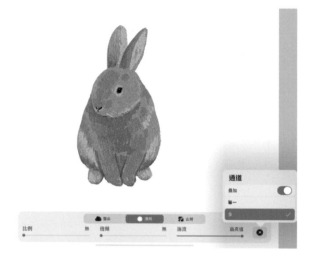

Step 1 點選 調整 中的 雜訊 功能。

Step 2 隨意調整下方參數,即可讓圖案產生顆粒感的筆觸。

Step 3 若覺得圖案顏色有點單調,加入 雜訊 功能,即可快速的讓畫面紋理變得更豐富。

技能 Plus：製作小動畫

以前用電腦製作動畫，軟體需要另外購買而且介面複雜，不過有時只是想畫個簡單的GIF，沒有要畫太精細的場景或動作，現在有了 Procreate 就變得非常簡易又方便囉！

動畫

縮時示範

Step 1　新增空白畫布後，點選 設定 → 畫布 → 動畫輔助，下方會出現動畫欄位。

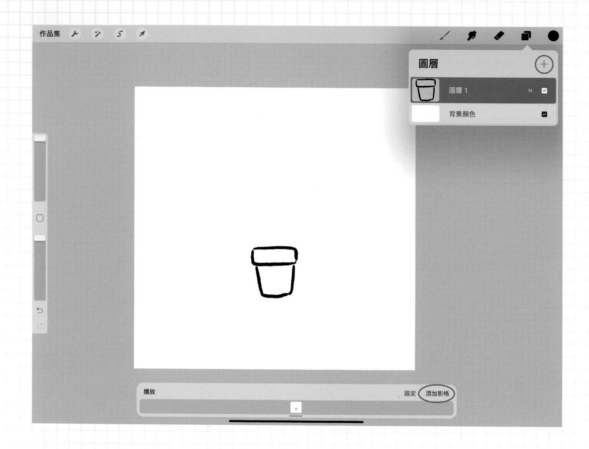

Step 2　先畫出一個花盆，要新增下一個
畫面時，可以點 新增圖層 或是
增加影格 。

Step 3　新增的畫面一樣要再畫一次花盆，
盡量與前一個盆栽的線條重疊。接
著，讓盆栽上方長出小小的芽。

<u>Step 4</u>　接著，可以做一些動畫的設定。

循環播放、乒乓、單發
為播放動畫時的循環設定，選取後
要按播放才能看到效果。

每秒影格數
數字越多，播放速度越快。

蔥皮紙數
在畫某一個影格時，可以看到前後
影格呈現半透明狀態，方便對照圖
案位置。

蔥皮紙不透明度
前後影格的圖層透明度。

混合主影格
讓正在畫的影格變成單色。

次要影格上色
讓前後影格呈現半透明紅、綠色，
比較容易辨識它是前或後的影格。

<u>Step 5</u>　繼續新增影格，描出上一個步驟的
圖案後，再多長出小葉子。

Step 6　葉子開始長大一些。

Step 7　長出迷你的小花苞。

Step 8　慢慢地變成大的花苞。

Step 9　開出一朵可愛的小花。

Step 10　最後，長出完整的花，這張就是動
　　　　　　畫的最後一個畫面。按一下播放，
　　　　　　看看有沒有接得不順的地方，再稍
　　　　　　微調整。

Tips.　如果按照順序新增影格會不太知道如何
　　　　　下筆，也可以先畫好第一張及最後一
　　　　　張，再回來補齊中間的影格，會比較簡
　　　　　單一些。

Step 11 確定動畫是流暢的之後，在每個線稿下方新增上色圖層，並與線稿設為群組。此時，會變成一個群組就是一個影格，完成每一格的上色後再按播放，就完成彩色的小動畫。

Step 12 點選 操作 → 分享 就可以輸出檔案了。最常用的格式為「動畫MP4」，就是一般的影片檔。

其他格式：

．動畫 GIF：可上傳至 giphy 等動圖平台獲得 GIF 連結，就可以發布在社群或在 giphy 支援的軟體（messenger, instagram stories等）找到自己做的動圖。

．動畫 PNG：若要製作 Line的動態貼圖，就要輸出成 PNG 檔，製作過程稍微複雜，有興趣的話可以直接到Line 的網站查看詳細資訊。

獨家附贈！⑤ 款自創筆刷

  ❶ Stars　 ❷ Leaves　 ❸ Flowers　 ❹ Cats　 ❺ Ducks

自創筆刷，掃描下載

iPad 電繪畫畫課

從線稿到上色圖層、光影到色調練習、小物到氛圍營造，
輕鬆畫出你的夢想世界

作　　者｜張元綺 YUANCHi

責任編輯｜楊玲宜 ErinYang
責任行銷｜鄧雅云 Elsa Deng
封面裝幀｜鄭婷之 zzdesign
版面構成｜張語辰 Chang Chen

發 行 人｜林隆奮 Frank Lin
社　　長｜蘇國林 Green Su

總 編 輯｜葉怡慧 Carol Yeh
主　　編｜鄭世佳 Josephine Cheng
行銷主任｜朱韻淑 Vina Ju
業務處長｜吳宗庭 Tim Wu
業務主任｜蘇倍生 Benson Su
業務專員｜鍾依娟 Irina Chung
業務秘書｜陳曉琪 Angel Chen
　　　　　莊皓雯 Gia Chuang

發行公司｜悅知文化　精誠資訊股份有限公司
地　　址｜105台北市松山區復興北路99號12樓
專　　線｜(02) 2719-8811
傳　　真｜(02) 2719-7980
網　　址｜http://www.delightpress.com.tw
客服信箱｜cs@delightpress.com.tw
ISBN：978-626-7288-67-2
二版一刷｜2023年08月
二版二刷｜2024年01月
建議售價｜新台幣450元

國家圖書館出版品預行編目資料

iPad電繪畫畫課：從線稿到上色圖層、光影到色調練習、小物到氛圍營造,輕鬆畫出你的夢想世界/張元綺著. -- 二版. -- 臺北市：悅知文化, 精誠資訊股份有限公司, 2023.08
　　面；　公分
ISBN 978-626-7288-67-2(平裝)
1.CST: 電腦繪圖 2.CST: 繪畫技法

312.86　　　　　　　　　　112011747

本書若有缺頁、破損或裝訂錯誤，請寄回更換
Printed in Taiwan

dp 悦知文化
Delight Press

線上讀者問卷 TAKE OUR ONLINE READER SURVEY

隨心所欲的塗鴉吧！
畫圖過程帶來的滿足感，
才是最重要的。

———————《 iPad電繪畫畫課 》

請拿出手機掃描以下QRcode或輸入
以下網址，即可連結讀者問卷。
關於這本書的任何閱讀心得或建議，
歡迎與我們分享 ☺

https://bit.ly/3Gc2io6